# 洛克定律

徐苑琳 —— 著

中国纺织出版社有限公司

## 内 容 提 要

目标对于人生犹如灯塔,是我们前行的方向和努力的最终意义所在。有目标的人未必都能成功,但毋庸置疑,没有目标的人一定不会成功。成功就是一个个小目标的达成,学习洛克定律,并将其运用在各种目标的制订和实现上,能让我们更快更好地成功。

本书围绕洛克定律展开,带领我们认识什么是洛克定律,以及如何将其运用到人生各种目标的制订上。本书内容涉及企业管理、学习管理、职业管理、习惯养成等各个方面,能帮助我们切实做好各种目标管理,找到真正的奋斗方向,希望本书能对广大读者有所帮助。

**图书在版编目(CIP)数据**

洛克定律 / 徐苑琳著. -- 北京:中国纺织出版社有限公司,2024.7
ISBN 978-7-5229-1636-1

Ⅰ. ①洛⋯ Ⅱ. ①徐⋯ Ⅲ. ①成功心理—通俗读物 Ⅳ. ①B848.4-49

中国国家版本馆CIP数据核字(2024)第070403号

责任编辑:王 慧　　责任校对:寇晨晨　　责任印制:储志伟

中国纺织出版社有限公司出版发行
地址:北京市朝阳区百子湾东里A407号楼　邮政编码:100124
销售电话:010—67004422　传真:010—87155801
http://www.c-textilep.com
中国纺织出版社天猫旗舰店
官方微博 http://weibo.com/2119887771
天津千鹤文化传播有限公司印刷　各地新华书店经销
2024年7月第1版第1次印刷
开本:880×1230　1/32　印张:7
字数:118千字　定价:49.80元

凡购本书,如有缺页、倒页、脱页,由本社图书营销中心调换

# 前　言

生活中，相信大部分人的生活轨迹都是这样的：总是在上班、下班和家之间循环奔走，忙忙碌碌，甚至连喘口气的工夫都没有，却总有一种恍如隔世、无所事事的感觉，其实，之所以有这样的感觉，是因为我们缺乏目标，目标感不强，我们就像一只无头苍蝇，忙且无聊着。相反，如果有目标，我们就压根没时间觉得无聊，因为定下目标，就能够为实现目标而不断努力和奋斗。

哲学家曾说，目标之于人生，就是前行的灯塔。将自己要做的事明晰化，将自己要努力的方向清晰化，不仅会精神抖擞，而且更容易成功，这就是目标的力量。目标感不强，你可能就会随波逐流，人云亦云。人生总要有一个目标，这样活起来才有点奔头。

那么，如何设定目标呢？

设定目标不能靠凭空幻想，根据自己的实际情况制订出的切实可行的目标，才是有效的目标。这就是我们在目标管理中所说的洛克定律。

什么是洛克定律呢？它指的是当目标既指向未来，又富有挑战性的时候，便是最有效的。可以为自己制订一个高目标，前提是一定要为自己制订一个更重要的实施目标的步骤。千万别想着一步登天，多为自己准备几个篮球架子，然后一个个地去克服和战胜，久而久之你就会发现，你已经站在了成功之巅。

我们对洛克定律进行拆解，了解该如何制订目标：

第一，目标需要跳一跳就能够得着。目标必须要有一定的难度，但是不能不切实际，目标通过努力能够达到，才算是有效目标。

第二，不骄不躁，慢慢来。任何目标的实现，制订计划是第一步，但更重要的是摆正心态，要给自己一定的时间，做到耐心坚持，先努力做到力所能及的事情，再不断地提升自己，这样你的努力才能慢慢产生效果。

第三，行胜于言，做到才是王道。这是最好的成事态度，是一种死磕到底的决心，有这样的决心和态度，目标何愁不能实现？

事实上，那些在自己专业领域内成功突破的人，也不一定真的聪明过人，也可能是因为他们确实付出了超越常人的努力，并在"跳一跳，够得着"中持续突破，将洛克定律用到极致，这样，成功对于他们来说就是水到渠成的事了。

那么，我们该如何将洛克定律具体应用到生活中方方面面的目标制订上呢？这就是我们在本书中要阐述的全部内容。

本书围绕洛克定律展开，带领我们认识什么是洛克定律，以及如何在生活中将洛克定律用到极致，如何让自己更快更好地达成所愿、实现目标。最后，希望每一个迷茫的人都能学会如何进行目标管理，都能找到自己的方向，都能实现成功。

编著者

2023年12月

# 目　录

## 第一章　认识目标的重要性，了解洛克的目标设置理论　001

什么是洛克定律　003
为自己寻找一个积极而有意义的目标　007
你要有梦想，但绝不能做空想家　011
你只有知道自己该做什么，才能做得好　015
做事不能盲目，要不断地调整你的目标　019
同时追赶两只兔子，终将一无所获　023

## 第二章　洛克定律与人生选择：切合实际的目标让人更有动力　027

失去了目标，人生就失去了推动力　029
尽早找到人生方向，行动才更有动力　032
每个追梦者都要找准自己的方向　037
实现梦想要先从触手可及的小事开始　041
划分和切割目标，从小目标开始实现梦想　045
始终以成功者为目标，挑战并超越他们　050

将每一步考虑在内，成功才会多一分胜算　　　054

## 第三章　洛克定律与企业管理：明确方向才会更有干劲　　　059

吉格勒定理：管理目标要立足高远　　　061
手表定律：多个目标会让员工陷入混乱　　　065
汤普林定理：以共同的目标凝聚人心　　　070
皮京顿定理：员工目标明确才会有足够的信心　　　073
下达指令要明确，让下属看到自己的工作方向　　　076

## 第四章　洛克定律与学习管理：如何高效快乐地完成学习目标　　　083

明确学习目标，你才知道如何学　　　085
目标是一切成就的起点　　　088
有兴趣才有目标，你才能学得好　　　091
制订学习目标的三个要求　　　095
制订学习目标的三个原则　　　099
阶段性目标的制订尤为重要　　　103
制订了目标，就要持之以恒地努力达成　　　107
尽量不打折扣地完成学习目标　　　111

| 第五章 | 洛克定律与职业管理：如何规划你当下和未来的路 | 115 |

| | |
|---|---:|
| 好的职业前景，从一个好的职业规划开始 | 117 |
| 择业时，别忽略兴趣爱好这一要素 | 121 |
| 如何突破职场倦怠期来临 | 124 |
| 坚持每天写工作日志，对今后的工作大有帮助 | 128 |
| 不断学习，用实力说话 | 132 |
| 当你犹豫是否该跳槽时，该如何选择 | 137 |

| 第六章 | 洛克定律与习惯养成：好习惯是最佳的行为指导 | 141 |

| | |
|---|---:|
| 坚持均衡饮食，保持强健体魄 | 143 |
| 坚持体育运动，并养成习惯 | 148 |
| 只需21天，你就能获得全新的改变 | 152 |
| 短小的目标更容易达成 | 156 |
| 从早晨就开始规划 | 161 |
| 从学习中感受乐趣，并每天坚持 | 164 |

## 第七章　洛克定律与心态调整：掌控欲望，追求合理的目标　167

诱惑是实现人生目标的大敌　169
奋斗的意义在于享受生活，而不是折腾生活　174
无止境地追求，真的快乐吗　177
会工作，更要会休息　180
过度追求身外物，只会迷失自己　185

## 第八章　洛克定律与毅力培养：越努力越幸运，坚持没有那么难　191

目标的实现需要执着付出　193
每天进步一些，是事业成功的基石　196
坚持自己的目标，耐心做自己的事　199
执着于理想，也要认清现实　204
真正的执着，是一辈子做好一件事　207
追求人生目标，需要你从容不迫地沉淀自己　210

**参考文献　213**

# 第一章

## 认识目标的重要性，了解洛克的目标设置理论

美国管理学家埃德温·洛克提出了著名的"洛克定律",他认为:有专一目标,才有专注行动。要想成功,就得制订一个奋斗目标。目标并不是越高越好,要根据自己的特点去设定适合的目标。

# 什么是洛克定律

美国哈佛大学曾做过一项研究,被研究的学生是一批家庭背景、学历以及智力都相差无几的年轻人。他们其中90%的人没有目标,6%的人有目标但很模糊,只有4%的人有非常明确的目标。研究团队对他们跟踪调查了二十年后发现,只有那4%有目标的人最终获得了生活和事业的双丰收。

这绝不是心灵鸡汤,而是经验使然,这也是成功者的特质,是因为有了目标才会成功,而不是成功了才有目标。

美国管理学家埃德温·洛克是马里兰大学的心理学教授,他于1968年提出了一个著名的目标设置理论,被称为"洛克定律"。

洛克定律是指:目标只有在同时具有未来指向性和挑战性的时候,才能发挥真正的指导作用。你可以为自己制订一个总的大目标,但要实现目标还少不了一步步的努力,千万别指望一步登天,多为自己准备几个阶段性目标,然后一个个地去克服和战胜,久而久之你就会发现,你已经站在了成功之巅。

洛克认为，篮球这项运动之所以如此吸引人，能让很多年轻人参与其中，就在于篮球架的高度设置是合理的。如果篮球架有两层楼那么高，那参与运动的人就不可能进球了；反过来，要是篮球架只有一个普通人那么高，进球就太容易了。合理的篮球架高度是"跳一跳，就能够得着"，实现了挑战性和合理性的完美平衡，这才使很多年轻人热衷于它。

所以，洛克定律认为，目标不是越高越好，决不能不切实际。一个像篮球架一样"跳一跳就够得着"的目标，才是最能激发人们积极性的。

著名生物学家巴普洛夫临终前，有人向他请教如何取得成功，他的回答是："要热诚而且慢慢来。"他解释说，"慢慢来"有两层含义：做自己力所能及的事；在做事的过程中不断提高自己。也就是说，既要让人有机会体验到成功的欣喜，不至于望着高不可攀的"果子"而失望；又不能让人毫不费力地轻易摘到"果子"。"跳一跳，够得着"就是最好的目标。

远古时代，有一位寻宝者带领自己的门徒去远方寻宝，由于长途跋涉，加上道路艰险，半路上不少人打起了退堂鼓。寻宝者见众人这样，便暗施法术，在险道上幻化出一座城市，说："大家看，前面就是一座大城！过城不远，就是宝藏所在地。"众人见眼前果然有座大城，便又重新打起精神、继续前行，就这样，寻宝者和门徒们历尽千辛万苦，终于找到了珍宝，满载而归。

洛克理论是一个很实用的理论，不管是制订我们的生活目标还是工作目标，都相当适用。举个例子，在项目工作中，按照时间进度和市场机遇制订项目工作蓝图时，不可贪功冒进。如果只是为了追求速度，而不考虑实际工期和各方资源协调的话，制订的蓝图与目标很可能只是一纸空谈。任你的计划、目标、预期收益再美妙，也不过是空中楼阁、海市蜃楼，虚幻得一触即散。

而在学习的过程中，我们也可以根据洛克定律，在衡量自身学习情况之后，制订出一个比较合适的学习计划，而不是临到考试临时抱佛脚，考前一个星期挑灯夜战死啃书的计划，这样的复习，结果往往不会好。

在生活中，我们往往也会给自己制订一些改进计划，让自己生活得好一点、优质一点。例如，很多人都会在新年到来之际给自己做个新年计划，要攻克什么难题，要坚持跑步多少天等。但是很多新年计划都只是一时兴起，这些计划刚制订没几天就被放弃了，很大一部分原因就是一开始有着不切实际的雄心壮志，列出了平时根本就不会坚持的目标。例如，一个平时连每周锻炼两次都做不到的人，立下了要跑完春季马拉松的誓言；又如，一个连字母都念不顺溜的人，立下了三个月速成流利外语口语的誓言；再如，一个180斤的大胖子，却声称自己2个月要瘦到120斤。这些不切实际的目标都很难被实现。

往往这些被放弃的誓言都是没有遵循洛克定律，制订了过高的、不切实际的目标，导致自己无法完成，继而造成失败。相信大家这么多年来，在学习和工作中，或多或少都有洛克定律应验的场景。我们要做的不是看到了，了解了，然后忘掉了。而是要不断地总结，找到定律所指的那条属于自己的线，然后不断驱动自己达成任务，让自己成为更好的自己。而不是画地为牢，不断地树立目标，最后又放弃。

总之，洛克定律简单来说就是强调目标对人具有导向性和激励作用。目标可以将人们的内心所需换成行动的力量，鼓励、引导人们朝着心里的方向前进。但是这个目标绝不是空谈的口号，而是要有落地的可能。因此，洛克定律的关键，就在于拟定一个你跳起来能够得着的小目标，并且根据自己能力的提升，不断提高自己的目标难度。

# 为自己寻找一个积极而有意义的目标

你是否觉得自己正在从事一项很无聊的工作，每天上班也只是为了坐等下班，自己的工作毫无成就感？如果是这样，你有必要认识洛克定律，并重新审视自己。如果你对这项工作真的提不起兴趣，那么，你就要为自己重新寻找一个积极而有意义的目标。

前面，我们已经分析了洛克定律的含义，并指出目标对于人们行为的重要意义，合理的目标是我们人生的助推器，能够催人奋进。从这一点看，我们要肯定目标的积极作用，事实上，那些在事业上做出一番成就的人，无不是对成功有着强烈欲望的人。而从心理学的角度看，人的行为是受心理影响和支配的，心里有目标，行动才有动力。

美国的一位心理学家曾经指出："如果一个铅球运动员在比赛的时候没有目标，那么，他的成绩一定不会很好。如果他心中有一个奋斗目标，铅球就会朝着那个目标飞行，他投掷的距离就会更远。"这个比喻非常形象，它具体说明了我们做事有目标的重要性。当我们有了一个追求的目标时，才会不懈地努力，向心中既定的目标前进。

在古代，有个和尚要去取经，取经之路漫漫，他需要一匹马。长安城有一匹平时在大街上驮东西的马，很快被和尚选中了。临走之前，这匹马和它的好朋友——在磨坊里磨麦子的一头驴道别，道别后，马儿就上路了，这一走就是十七年。

十七年后，马儿回来了，它受到了长安城百姓的热烈欢迎，随后它便去了磨坊看它的好朋友。果然，驴还在干活，它们两个见面后就一起诉说十七年的分别之情。这匹马跟驴子讲了它这十七年的所见所闻，讲它领略了一望无际的沙漠、浩瀚的大海，有条木头丢进去浮不起来的河是黑水河，一个只有女性没有男性的地方叫女儿国，鸡蛋放到石头里能够煮熟的地方叫火焰山。

驴听马儿讲了很多很多，不免羡慕起来："你的经历可真丰富呀！我连想都不敢想！"这匹马就接着讲："我走的这十七年你是不是还在磨麦子呀？"这头驴子说："是呀！"这匹马就问它那："你每天磨多少个小时呀？"这头驴子说八小时。马说："我取经途中平均每天也走八小时，我们十七年走过的路程差不多。我们取经成功的关键在于，当年我们朝着一个非常遥远的目标前行,这个目标非常遥远,我们根本看不到边,可是我们方向明确,始终朝着目标迈进,最后终于修成正果。"

我们在笑话驴子的同时,是否也应该反省一下自己呢?实际上,很多人就过着如同故事中驴子般的生活,每天工作八小时,每天都重复着同样的工作,每天在原地转圈,毫无建设性的进展。就这样安于现状,十年、二十年之后,当周围的人已经步入成功的殿堂时,他还在原地打转。而有些人没有甘于围着磨盘打转,他们有梦想有目标,并且认准目标就一直向前走。即使因为种种原因走了弯路,但大方向是不变的,因为梦想在前方指引着他们,他们知道那才是他们的终点。

人不能没有目标,如果没有目标,你就会像一只在大海中失去了航向的孤舟,只能随波逐流、听天由命,甚至会随时沉没。我们强调做事要立即行动、绝不拖延,但这并不意味着我们可以盲目做事。事实上,如果做事缺乏目标,那么我们只会浪费更多的时间,因为需要花费时间重新检查自己的行为和方法。

同时,我们要认识到,为自己目标奋斗的过程才是真正让我们感到幸福的。另外,这个目标还必须是积极的,是能带动我们产生积极心态的。当然,我们依然需要重视当下,重视生活、工作中的每一件事，认真做好当下的事，并修饰做事的每一个细节。因为没有小，就没有大；没有低级，就没有高级。每天那些点滴的小事中都蕴含着丰富的机遇，伟大的成就来自每天的积累，无数的细节就能改变生活。

## 你要有梦想，但绝不能做空想家

生活中有不少很优秀的人，他们出类拔萃，卓尔不群，取得了令人瞩目的成就。实际上，他们并非有着特别的天赋，也不曾得到好运气的眷顾和青睐，他们只是及早地确定了人生的梦想，很清楚自己想要拥有怎样的人生、到达怎样的目的地而已。与此同时，他们也不是空想家，相反，为了实现梦想，他们早早就制订了一个个明确的目标，因此，他们有强大的精神支柱，也有很强的自我约束力和行动力，他们清楚自己要什么，也督促自己努力去得到。在远大梦想和明确目标的完美结合下，他们爆发出强大的生命力，在人生道路上遇到各种坎坷与挫折的时候，总能够不忘初心，坚持不懈。

为此，我们要明白，梦想和目标不能混为一谈。实现梦想是我们人生的终极目的，目标是为了实现最后的梦想而必须完成的一个个任务。目标对人生梦想的实现而言绝不可缺少，因为只有在确定目标的情况下，我们才能确定方向，才能知道自己应该向着何处前进。细心的朋友们会发现，即使是同一个人做同一件事情，有无目标会对他们产生很强烈的影响，也会让结果变得截然不同。

有目标的人不但了解自己的人生方向，更对当下的自己有很强的控制能力。他们做事情从不抱着随遇而安的态度，也从不模棱两可，他们一心一意专注于手头上的事，无论遇到压力还是困难，都不会停下前行的脚步。

相反，那些缺乏目标的人，他们做事往往用心不专，很容易受到外界的诱惑而摇摆不定，更容易因为困难而放弃，不难想象，这样的人很难做出什么成绩。因此，任何人都要对目标有清晰的认知，这样你会发现自己更加充满力量，也会在追求和达到目标的过程中感受到充实和乐趣。

小博今年已经大三了，正是即将毕业的学生要做人生抉择的时候，班上很多想考研的同学都开始着手准备考研了，但是小博却对考研不太感兴趣，因为他的学习成绩一直不是很好。但是，小博也认识到当下就业形势的严峻，毕竟现在本科生太多了，而研究生学历也不再和以前一样金贵。对于毕业后到底是工作，还是继续深造，小博的想法游移不定。他还专程和父母商议，父母的意见是一致支持他考研。

但小博却迟疑："我万一考不上怎么办？"母亲很坚定地

对小博说:"你的学习能力可是很强的,还记得高三那年,你只用一年就冲刺上来二十几名吗?你现在的成绩在中下游,就是因为你在大学里过于松懈,也对自己没信心。你只要目标明确,坚定考研的信念,就一定会成功的!"

一直以来,母亲经常批评小博不务正业,不专心学习,如今却给予小博这么高的评价,这让小博感到很吃惊。小博问母亲:"我在你心里真的这么优秀?"母亲坚定不移地点点头,说:"当然,我平时说你,都是为了激励你进步。但我现在是很公正地评价你。"

小博在父母的一致鼓励下,越来越动心,说:"要不然我试试?"父亲也说小博:"哎呀,怎么能试试呢,要想做到最好,就要破釜沉舟,义无反顾。如果目标本身就在飘摇不定,你怎么可能成功呢?"父亲的话让小博恍然大悟。小博豪情万丈地说:"好吧,那我就一定要成功,我从现在就开始努力!"

此后的日子里,小博每天都为考研努力,始终认真学习,一年多之后,他真的成功考上一所名牌大学的研究生。

事例中,小博的父母说得都很对,当一个人做事情的时候带着三心二意的态度,没有坚定不移地确立目标,那么他就无法勇往直前朝着目标前进。在人生中，要想提高生命的效率，要想以最快的速度冲向目的地，我们就要首先确立目标。目标之于人生，就像空气之于人一样，是生存的必需品。

在制订目标的时候还需要注意几点：

首先，梦想要远大，否则就无法对人生起到积极的指导作用。

其次，目标要符合自己的实际情况，而不要盲目地制订过于远大的目标，否则就会使人在非常努力也无法接近目标之后变得沮丧绝望。

再次，制订目标之后，目标也并非一成不变的，而是要根据我们自身的发展不断调整，这样才能对人生起到积极的指导和促进作用。

最后，确立目标之后，一定要积极地开展行动，迈出实现目标的第一步。此后也要持续地努力，朝着目标奋进，从而距离目标越来越近。只有把目标与行动结合起来，才能推动目标变成现实，也才能让人生的梦想绚烂绽放。

# 你只有知道自己该做什么，才能做得好

我们知道，目标能让我们的行动听从指挥。然而，不少人最终没有达到自己的目标，这是因为他们的目标并不清晰明确。

举个最简单的例子，你来到某个陌生的城市旅行，上了一辆出租车后，你并没有告诉司机具体的地址，而只是对该地进行了各种描述，司机云里雾里地听着你描述，但还是很迷茫，所以拒绝为你服务。其实，你的潜意识也是如此，面对混乱不堪的目标，它也无法执行。因此，你首先要做的就是明确你的目标，知道从哪里着手。

在我们周围，很多人经常把"我太忙了"挂在嘴边，他们确实马不停蹄地工作，甚至没有好好休息的时间。然而，我们真的忙出成果了吗？相信大部分的回答是否定的，因此，我们的忙就是无效的。究其原因，就是我们做事没有方向、缺乏目标或者目标不明确，如此，我们就像一只无头苍蝇。我们有必要在做事前先确定目标，你只有知道自己该做什么，才能做得好。

美国作家福斯迪克说:"蒸汽只有在压缩状态下,才能产生动力,尼亚拉加瀑布也要在巨流之后才能转化成电力。而生命唯有在专心一意、勤奋不懈时,才可获得成长。"我们要做到勤奋和专心,就要有明确的目标和计划。的确,我们每个人每天都拥有24个小时,86400秒,时间对每个人都是公平的,然而这一天时间里,我们需要做的事情太多,所以我们必须学会有的放矢,不盲目做事。

那么,该怎样制订目标呢?

一位父亲带着他的三个儿子打猎,他们今天的目标是猎杀骆驼。

到了既定地点后,父亲问长子,"你看到了什么?"

长子回答:"我看到了父亲、沙漠和骆驼。"

父亲又问次子:"你看到了什么?"

次子回答:"我看到了父亲、哥哥、弟弟、弓箭、沙漠和骆驼。"

父亲最后又问三儿子:"你看到了什么?"

三儿子回答:"我看到了骆驼。"

父亲满意地回答道:"很好,答对了。"

这则寓言说明，确定目标的秘诀就是"明确"。当然，我们在做任何一件事前，都必须做好计划，计划是为实现目标而需要采取的方法、策略。只有目标，没有计划，往往会顾此失彼，多费精力和时间。我们只有树立明确的目标，制订详尽的计划，才能投入实际的行动，才能收获成就感和满足感。

那么，具体来说，我们该怎么做呢？

1.制订严密的计划，杜绝漏洞的出现

要想把事情做到最好，你心中必须有一个很高的标准，不能是一般的标准。在下决心和制订计划前，要做好周密的调查论证，将可能会发生的事情考虑进去，尽可能避免出现漏洞。

2.在自己的能力范围内制订计划

例如，你想提高自己的英语水平，你不妨这样给自己制订学习计划。安排星期一、星期三和星期五下午5：30开始听20分钟的英语录音，星期二和星期四学习语法。这样一来，你每个星期都能更实在地接近、实现你的目标。

3.做事要有耐心，避免急躁

急躁是很多人的通病，但任何一件事，从计划到实现，总是需要一些时间让它自然成熟。假如过于急躁而不甘等待，就经常会遭到阻碍。因此，无论如何，我们都要有耐心，压抑那股焦急不安的情绪，才不愧是真正的智者。

总之，在做事的过程中，在下定破釜沉舟的决心前，我们一定要明确自己的目标和方向。

## 做事不能盲目，要不断地调整你的目标

我们已经知道了目标和计划对于一个人行为的重要性，有了计划和目标，我们的行动才有指引。那些指挥作战的军事家在战斗打响前，都会制订几套作战方案；企业家在产品投放市场前，也会做好一系列市场营销计划。而在我们的工作过程中，学会制订计划，其意义是很大的，它是实现目标的必由之路。洛克定律告诉我们，目标只有在符合实际的情况下，才能真正发挥作用。好的目标必须适应当下情况，也就是说，我们除了要制订计划，还要检查目标与计划是否完备、是否万无一失、是否在执行的过程中与原定目标逐渐偏离等。

可能你曾有这样的经历：上级领导交代给你一项任务，你也为此做了精心的准备，制订好了实施方案，在整个执行过程中，你一鼓作气，认为自己做得完美无瑕。而当你把工作成果交给领导时，领导却说这份成果已与原本的任务目标背道而驰。这就是为什么我们常常被上司、领导以及长辈们教导做事一定要多思考，以防偏差。

娜娜是一名高三的学生,还有三个月,她就要参加高考了。这天周末,姨妈来她家作客,娜娜陪姨妈聊天,话题很容易便转到娜娜高考这件事上了。

姨妈问娜娜:"你想上什么大学啊?"

"浙大。"娜娜脱口而出。

"我记得你上高一的时候跟我说的是清华,那时候你信誓旦旦说自己一定要考上,现在怎么降低标准了?娜娜,你这样可不行。"

"哎呀,姨妈,咱得实际点是不是,高一的时候,树立一个远大的目标是为了激励自己不断努力。但到高三了,我自己的实力如何我很清楚,我发现考清华已经不现实了。如果还是抱着当初的目标,那么,我的自信心只会不断递减,哪里来的动力学习呢?您说是不是?"

"你说得倒也对,制订任何目标都应该实事求是,而不应该好高骛远啊!看来,我也不能给我们家倩倩太大压力,还是让她自己决定上哪所学校吧。"

这则案例中,娜娜的话很有道理。的确,任何计划和目标的制订,都应该根据自身的情况和时间考虑,不切实际的目标只会打击我们的自信心。诚然,我们应该肯定目标的重要意义，但这并不代表我们应该固守目标、一成不变。

很多专家为学生提出建议，要不断地调整自己的目标。也许你一直向往清华北大、一直想能排名第一，但是根据进一步的分析，如果各个科目经过努力仍无法提高，就应该调整自己的目标。否则，不能实现的目标会使你失去信心，影响学习的效率，有一个不切实际的目标就等于没有目标。

其实，不仅是学习，我们在工作中也要及时调整自己的计划。我们做事不能盲目，策略的第一步应该是明确自己的目标，有目标才会有动力，有了动力才能够前进。但在总体目标下，我们可以适当地调整自己的计划，这正如石油大王洛克菲勒所说的："全面检查一次，再决定哪一项计划最好。"任何一个初入职场的年轻人都应该记住洛克菲勒的话，平时多做一手准备，多检查计划是否合理，就能减少一点失误，多一点把握。

在做事的过程中，当我们有了目标，并能把自己的工作与目标不断地加以对照，清楚地知道自己的现状与目标之间的距离，我们做事的动力就会得到维持和提高，就会自觉地克服一切困难，努力达到目标。

的确，思维指导行动。如果计划不周全，那么，就好比机器上的关键零件出问题，意味着全盘皆输。正所谓"生命的要务不是超越他人,而是超越自己"。所以我们一定要根据自己的实际情况制订目标,跟别人比是痛苦的根源,跟自己的过去比才是动力和快乐的源泉。这一点不光可以用在工作上,也和生活息息相关,会对我们的一生产生积极的影响。

另外,即使我们依然在执行当初的计划,但计划里总有不适宜的部分,对此,我们需要及时调整。也就是说,当计划执行到一个阶段以后,你需要检查一下做事的效果,并对原计划中不适宜的地方进行调整,一个新的更适合自己的计划将会使今后的发展更加顺利。

因此,你可以把自己的目标细化,把大目标分成若干个小目标,把长期目标分成一个个阶段性的目标,最后根据细化后的目标制订计划。另外,由于不同的工作有不同的特点,所以你还应根据手头任务制订有针对性的目标。

## 同时追赶两只兔子，终将一无所获

相信很多人在童年时都听过小猫钓鱼的故事：小花猫跟猫妈妈一起出去钓鱼，却因为贪玩，一会儿捉蝴蝶，一会儿捕蟋蟀，最终一条鱼也没有钓到。很多时候，我们都和贪玩的小花猫一样却不自知。明明今天有需要完成的任务，却控制不住自己去玩手机、玩游戏，最终待做的事项越积越多，目标难以达成。久而久之，我们便失去了坚持的动力，这也是很多人无法成功的原因。

洛克效应告诉我们，目标对于人生有着非同寻常的意义，目标是人生的引航灯，没有目标的指引，人就如同在茫无边际的大海上航行，永远也找不到方向。没有目标的人还会眼界狭小，他们犹如井底之蛙，根本无法看到更高更远的地方，也根本不可能指引人生通往远大的未来。然而，在追求人生梦想的过程中，如果目标太多，反而会让人精力分散、心力交瘁。

《孟子》中有这样一则故事：全国最会下棋的弈秋教两个人下棋，其中一个人专心致志，"惟弈秋之为听"，另一个人却"一心以为有鸿鹄将至，思援弓缴而射之"，貌似与同伴一起学习，却心不在焉，结果可想而知，那人既没有学成对弈，也没有射到鸿鹄。故事虽然简短，说明的道理却很深刻：做任何事情都需要专心致志，三心二意，终将一无所获。

科学家告诉我们，量变引起质变，的确，很多事情只要坚持去做，总是能够得到预期的结果。伟大的发明家爱迪生为了找到合适的材料作为灯丝使用，尝试了一千多种材料，进行了六七千次实验。有一次，实验又失败了，连助理都感到沮丧绝望，爱迪生却说："失败了也没关系，至少我们知道哪种材料不适合作为灯丝了。"爱迪生的话告诉我们，他始终不忘记初心，所以最终才能试验成功，发明了电灯。

有人说，目标越是远大，越能够对人生起到积极有效的引导作用。国际数学大师陈省身曾经被询问当初为什么会选择数学，陈省身回答："别的什么都不会，只好做数学"。大师的谦虚回答却说明了一个真理：想要在一个行业取得最终的成就，需要破釜沉舟的勇气和态度。人生的前进路上，我们总是会遇到诸多诱惑，陷阱也总是相伴而行，避之不及。想要取得成功，须得摒弃杂念，专心致志。

总的来说，我们在制订目标的过程中，不能三心二意，也不能把目标定得过于远大。鼠目寸光的人不会拥有远大的人生前景，不切实际的目标也无法对人生起到积极的、切实有效的引导作用。只有把目标定得恰到好处，客观公正地评价自己，根据自身情况树立目标，我们才能排除万难，获得好的发展，顺利地走上成功的道路。

记住，对人生而言，艰难是正常的，如果人生总是轻而易举就能成功，那么人生就不值得珍惜。当回首往昔的时候，我们也会少了很多资本去炫耀，更无法遇见最好的自己。从现在开始，朋友们，为自己制订适宜的目标，让人生扬帆起航吧！

# 第二章

## 洛克定律与人生选择：切合实际的目标让人更有动力

洛克定律告诉我们如何制订计划和目标,让我们的行动更有方向。目标是实现最终成功的必由之路,否则,你想得再多也只是徒劳。只有在清晰目标的指引下,我们才能一步步朝着梦想迈进。

# 失去了目标，人生就失去了推动力

我们可以发现，那些做出巨大成就的人，他们都知道自己的梦想是什么。当然，他们绝不像没有指南针的船只一样随风飘荡。想要实现梦想，定下目标是第一步，第二步才是思考如何达成自己的目标。这听起来好像是老生常谈，但是，令人惊讶的是，许多人都没有认识到：为自己制订目标以及执行计划，是唯一能超越别人的可行途径。

一般来说，没有目的的行动是很难成功的。你有可能想成为一名政治家，想成为一名流行歌手，想成为一名将军……但是，没有目标的人就是可怜的糊涂虫，他们永远没有办法找到成功的途径。车尔尼雪夫斯基曾说："一个没有受到献身热情所鼓舞的人，永远不会做出什么伟大的事情。"一旦一个人失去了目标，就意味着他失去了人生的推动力。当然，在追寻目标的过程中，我们应该有自己的立场。

也许你现在与别人差距不大，但这只是因为你们都距离起跑线不远，而不是你比别人聪明，或者说上天眷顾你。有目标、有远见的人才会走得更远，因为世界会为他们让路。

一个没有目标的人就像是一艘没有舵的船，永远漂泊不定，只会到达失望和丧气的海滩。许多人即使付出了艰辛的努力，但还是无法成功。其实，这是因为他的目标总是模糊不清，或者根本没有实际可行的目标。在生活中，一旦我们确立了清晰的目标，也就产生了前进的动力。所以，目标不仅是奋斗的方向，更是一种对自己的鞭策。

有人曾这样说，一个人无论现在年龄多大，其真正的人生之旅，都是从设定目标的那一天开始的，之前的日子只不过是在绕圈子而已。要想获得成功，我们就必须拥有一个清晰而明确的目标，目标是催人奋进的动力。如果你缺失了目标，即使你每天不停地奔波劳碌，也还是无法获得成功，而成功者之所以能获得成功，就是因为他们的目标明确，眼光长远。

实际上，生活中很多人因为无法承担追求梦想带来的困难和痛苦，就追求安稳的生活，每天两点一线，上班、回家，回家、上班，逐渐对梦想失去激情，而当他们看到他人风光无限或是衣食富足时，又十分嫉妒。凡事有因才有果，你付出了才能有回报，安于现状、不思进取却又期望富贵发达，这就是"白日做梦"。

因此，为成功奋斗的人们，你只有树立一个正确的理念，并调动你所有的潜能，才能脱离平庸，步入精英的行列之中！你需要记住以下几点：

1.关注长远的未来，而不是眼前

独具慧眼的人，往往具备人们所说的野心，他们不会因为眼前的蝇头小利而放弃追求梦想，而是会用极有远见的目光关注未来。

2.有想法，就大胆去做

梦想可以燃起一个人所有的激情和全部潜能，载他抵达辉煌的彼岸。但有了梦想，不要只把"梦"停留在"想"，一定要制订计划，付诸行动，这样梦想才可以带给你真正的方向感。

诚然，我们都渴望成功，都有自己的梦想，但梦想并不是参天大树，而是一颗小种子，需要你去播种，去耕耘；梦想不是一片沃土，而是一片贫瘠之地，需要你在上面栽种绿色。如果你要想成为社会的有用之才，你就要"闻鸡起舞"，要"笨鸟先飞"；如果你想创作出精神之作，就需要你呕心沥血……梦想的成功是建立在实现阶段性目标的基础上的，需要以奋斗为基石。如果你要实现你心中的梦想，就行动起来吧，去为之努力，为之奋斗，这样你的理想才会实现，才会成为现实。

# 尽早找到人生方向，行动才更有动力

目标在现实生活中，就是做一件事要达成的结果，也就是奋斗的方向。

人总要有一个目标，这样活起来才有点盼头。树立明确的人生目标，你当下的学习和生活才更有动力。

很多年以前，有一位牧羊人带着自己两个年幼的儿子，以给别人放羊为生。

一天，他们赶着羊来到一个山坡，此时，天空中一群大雁飞过，很快消失在苍穹中。

小儿子眨着大眼睛问父亲："爸爸，爸爸，大雁要往哪里飞？"

"他们要去一个温暖的地方，在那里安家，度过寒冷的冬天。"牧羊人说。

他的大儿子感叹说："要是我们也能像大雁那样飞起来就好了，那我就要飞得比大雁还要高，去天堂，看妈妈是不是在那里。"小儿子也对父亲说:"做一只会飞的大雁多好啊,那样就不用放羊了,可以飞到自己想去的地方。"

牧羊人沉默了一下,然后对两个儿子说:"只要你们想,你们也能飞起来。"两个儿子试了试,并没有飞起来。他们用怀疑的眼神看着父亲。

牧羊人挥动胳膊,也没飞起来。但牧羊人肯定地说:"我是因为年纪大了才飞不起来,你们还小,只要不断地努力,就一定能飞起来,去想去的地方。"他的两个儿子牢牢地记住了父亲的话,并且不断地努力,他们长大以后果然飞起来了,他们发明了飞机,这两个男孩就是美国的莱特兄弟。

这个真实的故事再次使我们坚信:一个人的内心如果蕴含着一个信念,并坚持不懈地为之努力,那么,他一定会是一位成功的人。人生中有许多这样的奇迹,看似比登天还难的事,有时轻而易举就可以做到,其中的差别就在于非凡的信念。一百次的心动如果没有一次行动,就是一百次的失望。

那么,如何去寻找自己的目标呢?

1.珍惜时间,最大限度地提高时间的利用率

社会发展到现在,闲暇在每个人的生命中举足轻重,是仅次于生活必需时间的第二大时间段。任何人要想有所成就,都

应当重视合理地安排时间，最大限度地提高时间的利用率。在成功的诸多因素中，天资、机遇、健康等都很重要，但把所有有利条件发挥出来的决定性因素，是利用好每一分每一秒。

2.为自己制订明确的目标

有些人没有目标，整天糊涂度日，忙忙碌碌，但到头来一事无成。人生不在于时间的长短，而在于生活质量的高低，如果你不甘平庸，就从现在开始，为自己制订个明确的目标，并为之努力吧！

3.身体力行地践行你的目标

不管目标有多好，除非真正身体力行，否则永远没有收获。你若想成功，一旦有了目标，就要围绕目标，想方设法地积极行动，为早日实现自己的目标而奋斗。

目标的实现可以分为三个步骤：

（1）为你的目标设定一个可以实现的期限。比如，你想写一本书，这是你的总目标，但如果你不给自己设定时间限制的话，你总会认为自己还有大把的时间。于是，你会不断地拖延下去，等到你青春不再，你也许还未动笔。

反过来，假如你有时间限制，例如，今年完成多少，什么时候前必须写完，那么，你就有了约束，也就有了动力。

当然，我们所设置的期限需要有一定的紧迫性，才能鞭策我们；但同时还得合理，任何一件事的完成都不可能一步登天。

（2）划分和切割你的目标，并一步步完成。一些人在为自己制订人生目标和规划的时候，总想一步登天，然而，谁也不能一口吃成一个胖子，一锹挖好一口井。比如，你现在月薪是三千元，你就不能奢望自己换一份工作就能达到三万元，你可以一步步地实现你的目标，先设定目标为实现月入四千元、五千元，然后慢慢地接近一万元、两万元，最后再到三万元。

这就是我们所说的目标切割法，一般长远的计划都需要一定的时间才能完成，且有一定的难度，如果只粗略地制订一个长远计划，那么，你在短时间内很难看到效果，这自然会挫伤你的积极性。所以，要把长远目标分解成若干个小目标，这样更容易达成。每天都进步一点，可以鼓励自己，提高自己的积极性。

（3）找到问题且不断总结经验教训。做任何事情都有困难，在制订目标时，不妨列举一下可能出现的困难，对困难先有一个心理准备，做一些必要的防范，在真正碰到困难时才不会手忙脚乱。当然，很多困难都是无法预知的，最关键的还是要有战胜它的决心，以积极的心态想方设法去解决，才会让事情有转机。

总之，任何人都要尽早为自己制订一个明确的长期奋斗目标，及时为自己的人生规划一张蓝图。把自己最大的梦想标在最顶部，再从下往上，把你每个年龄阶段要做的事情、要实现的小目标，都标注出来，然后按照这个线路图一步一个脚印地前进，总有一天，你会登上成功之巅！

## 每个追梦者都要找准自己的方向

对任何人来说,最重要的不是你所处的位置,而是你所朝的方向。然而,生活中的不少人,似乎总是在瞎忙,却总感觉自己好像少了什么,其实,他们缺少的就是清晰的方向。不管你多么意气风发,不管你多么足智多谋,不管你花费了多少心血,假如没有一个明确清晰的方向,你都会感到茫然,甚至在前进的路途中渐渐丧失斗志,忘却最初的梦想。

伊辛巴耶娃是世界上第一个跳跃高度超过5米的女子撑竿跳高运动员。在撑竿跳高这项运动中,伊辛巴耶娃可谓家喻户晓,但谁能想到,她一开始的兴趣根本不是撑竿跳,而是体操。

伊辛巴耶娃从小就对体操情有独钟,她梦想自己有一天能拿到体操冠军。为了实现自己的梦想,她每天坚持练习,无论严寒还是酷暑,她对体操练习都不曾有一丝的懈怠。

遗憾的是,随着年龄的增长,伊辛巴耶娃个子越长越高,对体操运动员来说，身高太高反而不是好事。例如，其他运动员能够翻四个跟头，伊辛巴耶娃却因为个子太高只能翻两个半。显而易见，伊辛巴耶娃1.74米的身高在体操队中没有任何竞争优势。

这可怎么办？如果继续在体操这条路上坚持下去，最终只会毫无成绩，甚至有可能越来越处于劣势。于是，伊辛巴耶娃在经过一番深思熟虑之后，毅然决然离开了体操队，但她并没有放弃昔日成为一名世界冠军的梦想，她意识到自己个子高，于是，她又将梦想寄托在能够充分发挥自己身高优势的撑竿跳高运动上。

经过不懈的努力，伊辛巴耶娃在撑竿跳高运动中赢得了举世瞩目的成就。她在24岁时就成了历史上最出色的女子撑竿跳高运动员，曾多次打破世界纪录，拥有5项重要赛事的冠军头衔：奥运会，世界室内、室外锦标赛，欧洲室内、室外锦标赛。

富兰克林曾说："宝贝放错了地方就成了废物。"年轻人要找准自己的方向，学会经营自己擅长的项目，能够让自己的人生增值，而过分执着于自己的短板，只会让自己的人生贬值。伊辛巴耶娃无疑是聪明的，她放弃了自己喜欢但不能发挥优势的体操运动，转而选择更具优势的撑竿跳运动，从而成就了自己的世界冠军梦。所以，年轻人别把时间浪费在难以弥补的缺点上面，不要再让所谓的"短板"阻碍自己的成功之路。

曾经有四名探险队员深入非洲的森林中，他们拖着一只沉重的箱子，在这片森林里踉跄前行。他们走了很远的路，就在即将完成任务时，他们的队长忽然病倒了，并离开了人世。

在离世之前，队长把箱子交给了他们，告诉他们："请你们走出森林后，把箱子交给一位朋友，你们会得到比黄金还重要的东西。"

三名队员答应了请求后，就带着箱子和队长的嘱托上路了。森林中的路泥泞不堪，很难走，他们有很多次想放弃，但为了得到比黄金更重要的东西，便拼命走着。

终于有一天，他们走出了无边的绿色，把这只沉重的箱子拿给了队长的朋友，可那位朋友却表示对这个箱子一无所知。结果他们打开箱子一看，里面全是木头，根本没有比黄金贵重的东西，那些木头也一文不值。

在这个故事中，难道队员们真的什么都没有得到吗？不，他们得到了比金子还贵重的东西——生命。如果没有队长的话鼓励他们，他们就没有了目标，也就不会去为之奋斗。我们可以看到，目标在我们追求理想的过程中具有指引作用。

　　的确，任何理想不经过实践和行动的证明都将是空想。只要你心有方向，立即行动，任何理想都有实现的可能。相反，没有方向的路，走得再多也是徒劳。

　　《奥德赛》中有一句至理名言："没有比漫无目的地徘徊更令人无法忍受的了。"没有方向的迷茫会造成内心的恐慌，在徘徊中挣扎，最终不过是度过平庸的人生。无头苍蝇找不到方向，才会处处碰壁；一个人找不到出路，才会迷茫、恐惧。所以，找到前进的方向比努力自身更重要。

## 实现梦想要先从触手可及的小事开始

说到梦想,人们总是豪气万丈,为自己编织着美好的未来,希望自己成为某个行业的精英,或拥有自己的事业等。我们从小就被强调理想对人生的作用和价值,树立理想是好事,它可以匡正你的言行,让你的努力有一个明晰的主线。但无论如何,你千万要记住,只有脚踏实地才是实现梦想的唯一途径,对理想的憧憬,也千万别过了头。

如果你每天把大量的时间都花在了展望自己的未来上,而不制订实现梦想的计划,那么,你的梦想最终只会成为空想。

爱因斯坦说:"人的价值蕴藏在人的才能之中。在天才和勤奋两者之间,我毫不迟疑地选择勤奋,她是几乎世界上一切成就的催产婆。"梦想的实现是一个过程,是将勤奋和努力融入每天的生活、工作和学习中,它没有捷径,需要脚踏实地。

著名的心理学教授丹尼尔·吉尔伯特认为:当一个人憧憬未来,在他看来,他似乎已经经历了那种美好,但实际上,这不过是一个想象的黑洞,是虚无的。的确,对于未来的过分憧憬，反而会阻碍自己对未来更为可靠的理性预测。

因此，根据洛克定律，你需要记住，不管你的梦想多么高远，都要先做触手可及的小事。梦想是一个大目标，你需要做的是完成每天的小目标，这样，你就朝大目标前进了一步，每前进一步，你就会增加一些快乐、热忱与自信，你就会消除一些恐惧，你就会更踏实，从积极的思考进展为积极的领悟，那么，就没有一件事情可以阻挡得了你。

一直以来，人们都赞赏那些有伟大梦想、眼光长远的人，但很多人在憧憬未来时，难免有几分浮躁之气。有时候，当事情还没做到一半时，他们就认为自己已经大功告成，开始飘飘然了。因此，我们需要记住的是，急功近利，只讲速度，不讲质量，看不起眼前的小事，认为自己做不出什么名堂来，认为自己在做的事没有什么意义，有这些想法的人是不会取得成功的。

少年时代，比尔·盖茨就勤于思考，勤奋好学。他曾在西雅图湖边的湖滨中学读书。湖滨中学是一所私立学校，学术氛围很浓厚。1968年，西雅图湖滨中学决定租用附近通用电气公司的电脑，以便让学生们尽早接触现代科技。对盖茨而言，这简直是一个天大的好消息。从此之后，他和好朋友艾伦就迷上了电脑。为了有更多的时间接触电脑，他们主动要求帮几个华盛顿大学毕业生创办的"电脑中心"里的电脑找"臭虫"，也就是找出电脑程序中的错误。当然，他们唯一的要求是：在"电脑中心"晚上6点钟下班后，允许他们使用电脑。就这样，每当夜幕降临，"电脑中心"里都灯火通明。盖茨、艾伦和其他几个同学全部沉迷于这些电脑，在程序字符的海洋里自由游弋，就像鱼儿回到了海洋。

就这样，随着电脑程序里的"臭虫"越来越少，盖茨和艾伦对于电脑的研究也日渐精深。正是这样一个简单的行为，为盖茨以后成为全球富豪奠定了坚实的基础。

可以说，盖茨是洛克定律的最好践行者。的确，成功不管什么时候，不管对谁而言，都是从最简单的小事做起。的确，知识和能力、经验的积累，都像建造房子，从砖到墙、从墙到梁，是一个循序渐进的过程。任何能力和知识的得来都不是一蹴而就的，也不是下了决心就能获得的，这是一个长期的过程。实际上，每天进步一点点，并不是很大的目标，也并不难实现。也许昨天你通过努力学习获得了可喜的成绩，但今天的你必须学会超越昨天的你，你才能更加进步，更加充实。人生的每一天都应该充满新鲜的东西。

我们关于梦想的勾勒应该是这样的：我目前拥有什么，我从哪里做起才能让自己的生活发生一些正面的变化。

在生活中，你可能会看到不少人一夜成名，但如果你能细究一下，你会发现，他们的成功绝不是偶然的，他们为了实现梦想早已投入无数心血，打好坚固的基础了。相反，也有一些人，他们有着雄心壮志，誓要成就一番事业，但终其一生却碌碌无为、两手空空。差异产生的原因就在于行动，从身边的小事开始做起，注重实践，就会出现意想不到的机遇。

因此，我们需要明白的是，实现梦想需要一步一个脚印地积累。因为进步是一点一滴不断努力得来的。我们需要从现在起，树立最适合自己的、切合实际的梦想，才能达到激发潜能，推动人生发展的目的。

# 划分和切割目标，从小目标开始实现梦想

洛克定律告诉我们，目标对于实现人生理想的重要性毋庸置疑。只有不断地按照目标的指引努力向前，只有全力以赴地做好该做的事情，只有一步一个脚印在人生中留下扎扎实实的印记，我们的人生才会更加绚烂多彩，我们的未来才会更加盛大绽放。

毋庸置疑，当目标太远大，即使我们非常努力，也无法马上看到成果。人生总是需要一些激励的，如果在刻苦努力之后却没有结果，我们会感到身心俱疲，也会因为内心的惶恐不安而陷入焦虑紧张的状态中。在这样的情况下，就要学会分解目标。

第一步是把远大的目标分解为中期目标，例如，三年或五年的人生目标，接下来是把中期目标分解为短期目标，例如，一年或者一个月的目标。短期目标应该是我们经过努力之后可以实现的目标，而不是即使非常努力也无法实现的，或者是轻轻松松就能达到的。只有在经过努力之后实现

目标，我们才能受到鼓舞，也才能从中得到力量。反之，如果不努力就能实现，或者即使努力了也无法实现，我们渐渐地就会对追求目标感到力不从心，也就无法继续按照目标的指引前行。由此可见，划分目标其实是一门技术，更是一门艺术。

在一次日本的马拉松国际友好比赛上，日本的选手山田本一获得了冠军。

在此之前，山田本一始终默默无闻，不被人关注。在这场马拉松比赛的结果出来后，很多记者闻讯赶来，都想在第一时间采访他。

记者问他是怎么获胜的，他的答案只有六个字："凭着智慧取胜。"得到这个回答，记者们显然不太满意，因为大家都知道，跑马拉松需要耐力和毅力，智慧又与马拉松有什么关系呢？记者们以为山田本一在故弄玄虚，都很不以为意，也觉得山田本一获胜就是偶然事件。

然而，让记者们感到意外的是，在几年之后又一次举行的马拉松比赛中，山田本一又获得了冠军。这下子，人们对于山田本一的好奇更加强烈：如果说几年前山田本一是打主场的，那么现在山田本一则是客场，为何还能取胜呢？依然有记者采访山田本一如何取胜，山田本一的回答一如既往：凭着智慧取胜。

记者们还是还是觉得山田本一在故弄玄虚，假装神秘。直到若干年后山田本一出版了自传，人们才从他的自传中了解到他是如何凭着智慧取胜的。

原来，每次山田本一在参加比赛之前，都会亲自来现场观察赛道，还会拿着纸笔把赛道上间隔一定距离的标志物画下来。例如，道路两侧的房子、公园、超高地标性建筑、古树等，他会牢牢记住这些标记物，在跑步的过程中，山田本一会以这些标志物为自己的阶段性终点，每到达一个终点，他都会获得激励，并产生力量继续向前跑去。这样，漫长的马拉松全程被划分成很多个短的赛道，山田本一在比赛的过程中就可以始终都保持热情和活力。而其他的马拉松选手一想到自己已经跑得很辛苦了，目标却遥遥无期，难免觉得疲惫和沮丧，也就无法做到继续全力以赴地奔跑。正因为如此，山田本一才坚持说自己的胜利是凭借智慧取得的。

山田本一说得没错，他的确是凭着智慧取胜的。实际上，人生的目标也是如此。当目标过于远大，实现起来遥遥无期，就会让坚持努力的人们产生强烈的挫败感，也会导致他们不愿意继续努力向前。实际上对人生而言，远大的目标固然是必不可少的，但我们还要学会把目标进行分解，让远大目标变成中期目标和短期目标。有些自律性很强的人，还会为自己制订一日计划等非常小的目标，从而指导自己短时间内的言行举止，避免浪费时间，浪费生命。

在制订人生的远大目标之后，我们就要开始着手细分目标。在细分目标的时候，我们要注意以下几点：

首先，人生始终处于不断发展的过程中，我们固然要有目标，但不能因为目标而禁锢和限制自己，而是要跟随时代的发展、人生的进展，灵活调整目标。

其次，不管是中期目标还是短期目标，都是为实现远大目标服务的，为了避免人生道路产生偏移，在制订目标的过程中，我们要坚持中短期目标为长期目标服务的原则。当然，对于短期目标，也许因为和远大目标相差甚远，所以看起来和远大目标之间没有紧密的联系，但是内在的逻辑和实现的顺序是不会改变的。

不管如何制订目标，目标都是为实现人生梦想服务的。目标可以一成不变，也可以顺势而变，但是制订目标的宗旨和原则不能变。总的来说，只要我们按照目标前进，一步步努力，就能让人生闪闪发亮。

洛克定律

# 始终以成功者为目标，挑战并超越他们

任何梦想都是一个长期目标，在这样的目标指引下，我们能保证大方向正确和不失偏颇。但是过于长期的目标无疑会使人们感到疲劳，毕竟长期目标并非一朝一夕就能实现，就像漫长的旅途容易使人感到劳累一样，过久的拼搏奋斗却没有激励，同样会让人感到疲惫不堪。为此，很多人都把长期目标进行分解，使其成为若干个短期目标。当这些短期目标实现之后，人们就会感受到成功的喜悦，也会因此变得更加自信。

其实，除了分解目标，还可以采取为自己树立榜样的方式激励自己。尤其当榜样是身边熟悉的朋友或者同事，甚至是兄弟姐妹时，我们因为总是能够看到对方，切身感受到对方的成功，也就更容易受到鞭策和激励。榜样是有血有肉的鲜活生命，他们不但可以激励我们努力进取，寻求超越，也可以成为我们学习的对象。所谓青出于蓝而胜于蓝，当我们真正做到这一点，一定会感受到巨大的成功和喜悦。毋庸置疑，超越成功者，我们就一定能够获得更大的成功。

现实生活中，有很多人都做着白日梦，幻想着自己有一天能够变得非常伟大。然而，一味地做白日梦并不能帮助我们实现理想，真正切实有效的方法是从熟悉的人中找一个人作为自己的目标，等到超越他之后，再重新将一个更优秀的人作为自己的目标。如此一个一个优秀者挑战下来，你会发现自己就像登台阶一样，已经不知不觉进步了很多，人生也发生了翻天覆地的变化。

已经升入高三的婷婷才意识到要努力学习了，但如何才能迅速取得进步呢？成绩在班级里处于中下水平的婷婷有些摸不着头脑，也找不准方向。思来想去，她决定从同桌下手。因为，每次考试，同桌的排名都比婷婷靠前五六名。婷婷认为自己尽管求胜心切，但是心急吃不了热豆腐，也不能急于求成。

就这样，尽管婷婷的目标是成为班级的尖子生，但是她先把同桌看成了榜样和对手。经过一个月的刻苦努力，在月考中，婷婷的名次果然超过了同桌。这个小小的成功让婷婷非常高兴，也对自己更有信心了。接下来，她把坐在前排的娜娜定为目标。娜娜的成绩在班级的六十个人中，排名三十左右。如此一来，婷婷相当于需要在下一次考试中还要提高五名。

确定目标之后，婷婷继续努力，也因为提高五名不需要过多的分数，所以她并不担心。不过她没有放松，还是每天早晨都早起背诵英语单词，朗读英语，果不其然，她在英语科目的提升很大，婷婷的排名居然上升了八个名次。接下来，她把目标定位到班级排名二十的小风。只需要再进步两个名次就可以追上小风，婷婷的目标是精益求精，也许只要少因为粗心错一题，目标就能实现。期中考试时，婷婷非常认真细心，没有因马虎失分，如愿以偿地把名次提高了两名。如此循序渐进，在高考中，婷婷顺利考入班级前五名，进入了梦寐以求的大学，令所有老师同学以及父母刮目相看。

毋庸置疑，假如婷婷在成绩不理想的情况下，想要一步登天地考入前五名，这几乎不可能实现，反而还会给她巨大的压力，最终导致事与愿违。如此循序渐进，把身边比自己更优秀的同学作为目标去追赶、去超越，效果自然事半功倍。此外，婷婷还能从一次次的暂时成功中获得信心，从而让自己的提升计划进入良性循环，使自己获得更大的力量。

其实，这种超越成功者的方式不仅适用于学习，也适用于人生中的方方面面。诸如在职场上，我们不可能从一个普通职员一跃成为高层管理者，所谓饭要一口一口地吃，路要一步一步地走。当你处于基层时，千万不要这山望着那山高，更不要眼高手低。唯有脚踏实地地勤奋工作，让自己一个台阶一个台阶地往上攀登，才能最终实现人生目标，实现自己的梦想。

现代社会竞争异常激烈，每个人都要靠自己的实力才能得到长足的发展。假如我们一味地沉浸在对美好未来的幻想中，甚至把目标定得过高，我们的自信心就会备受打击，导致事与愿违。那些成功人士都有自身的独特之处，我们可以学习他们的成功经验，却不能盲目地照搬他们的成功模式，东施效颦只会贻笑大方。所以，我们最需要做的就是向成功者学习，为自己的人生提供无限的可能性。

# 将每一步考虑在内，成功才会多一分胜算

对任何人来说，理想和愿望在追求成功道路上的重要性早已毋庸置疑，我们要趁早立志，要为未来奋斗，要不断为自己设置更高的标准，只有这样，才能取得令人满意的出色成果。但我们需要明白的是，我们定的标准也不能是遥遥无期的，必须符合实际，而这一点也是洛克定律的关键。当然，要实现目标，我们更需要一个清晰的规划，要考虑周全。的确，只有做到缜密行事、步步为营，才能让成功多一分胜算，大凡要把一件事情做好，一般都要经历资料收集、深入调查、分析研究，最终下结论这样一个过程。

然而，生活中，我们不少人始终改不了粗糙的毛病，思考问题时思路紊乱，东拉西扯，始终是稀里糊涂，生活中也是粗心大意，结果只能是事情做不到尽善尽美。长此以往，也就形成了一些不良的习惯，使成功更加遥遥无期。

从现在起，你一定要培养自己关注细节的习惯，一件事情，如果你做到了99%，就差1%，但这点细微的区别就会导致

你无法做到突破。

没有条理、做事没有秩序的人，无论做哪一种工作都没有效率可言。而有条理、有秩序的人即使才能平庸，他的事业也往往有相当的成就。

拿破仑是一位传奇人物，这位军事天才一生之中都在征战，曾多次创造以少胜多的著名战例，至今仍被各国军校奉为经典案例。然而，1812年的一场失败却改变了他的命运，从此法兰西第一帝国一蹶不振，逐渐走向衰亡。

1812年5月9日，原本已经在欧洲大陆上斩获了一系列战绩的拿破仑，带领六十万大军离开巴黎，浩浩荡荡地挥师前往俄罗斯。

法军凭借先进的战法和猛烈的炮火长驱直入，在短短的几个月内直捣莫斯科城。然而，当法国人入城之后，市中心燃起了熊熊大火，莫斯科城的四分之一被烧毁，6000多幢房屋化为灰烬。俄国沙皇亚历山大采取了坚壁清野的措施，使远离本土的法军陷入粮荒之中，即使在莫斯科，也几乎找不到干草和燕麦，法军大量的人马死亡，很多军火因为没有马匹而不得不毁弃。

几周后，寒冷的天气给拿破仑大军带来了致命的打击。在饥寒交迫下，1812年冬天，拿破仑大军被迫从莫斯科撤退，沿途大批士兵被活活冻死，到12月初，60万拿破仑大军只剩下了不到1万人。

关于这场战役失败的原因众说纷纭，但谁又能想到是小小的军装纽扣起着关键的作用呢？原来拿破仑征俄大军的制服采用的都是锡制纽扣，而在寒冷的气候中，锡制纽扣会化为粉末。由于衣服上没有了纽扣，数十万拿破仑大军在寒风暴雪中形同敞胸露怀，许多人被活活冻死，还有一些人得病而死。

拿破仑的失败，正验证了人们说的"成也细节，败也细节"，细节能带来成功，同时也能导致失败。细节就好比是精密仪器上的一个细微的零部件，虽然只是一个细小的组成部分，却起着重要的作用，一旦这个零部件出错，就意味着全盘皆输。

曾经，有位管理专家一针见血地指出，从手中溜走1%的不合格，到用户手中就是100%的不合格。为此，员工要自觉地由被动管理到主动工作，让遵守规章制度成为每个职工的自觉行为，把事故的苗头消灭在萌芽之中。也曾有位商界名家将"做事没有条理"列为许多公司失败的一大重要原因。

也许在每个人心中都有一个伟大的梦想，但成功并不是一蹴而就的，这就要求你养成周密的思维习惯。做事没有条理，同时又想把蛋糕做大，这是不可能的。只有步步为营、严谨行事，才能更有条理、更有效率。

总之，要想把事情做到最好，你必须在心中为自己设定一个有挑战性且可达到的目标。但与此同时，我们达成目标的标准必须是严格的，并且在做事时，你一定要按照这个标准来执行，决不能马虎。另外，在做任何一项决策前，一定要考虑周全，并进行广泛的调查论证，广泛征求意见，尽量把可能发生的情况都考虑进去，尽可能避免出现1%的漏洞，直至达到预期效果。

# 第三章

## 洛克定律与企业管理:明确方向才会更有干劲

企业管理者应根据组织面临的形势和社会需要，制订出一定时期内组织经营活动所要达到的总目标，然后层层落实，形成目标体系，并把目标完成情况作为考核的依据。这样，员工才能找到努力的目标和方向，企业才会创造更多的成绩。

## 吉格勒定理：管理目标要立足高远

自古以来，无论是个人还是组织，凡能成大事者，都不仅有雄韬大略，还要有指导行动的信念和理想。理想是指导行动的，也就是说，如果我们想让行动领先一步，目标就必须超前一些。一个人的成就不会超过他的信念，有信心的人，可以化渺小为伟大，化平庸为神奇，这也是我们前面在阐述洛克定理时一直强调的：有梦想、有目标的人才有行动和努力的方向，前途才会更明朗。

除了洛克定理，美国行为学家吉格勒还提出了著名的"吉格勒定理"，这一定理告诉人们，开始时心中就怀有一个高的目标，意味着从一开始你就知道自己的目的地在哪里，以及自己现在在哪里。朝着自己的目标前进，至少可以肯定，你迈出的每一步方向都是正确的。一开始时心中就怀有最终目标，会让你逐渐形成一种良好的工作方法，养成理性的判断原则和工作习惯。如果一开始心中就怀有最终目标，就会拥有与众不同的眼界。有了高的奋斗目标，你的人生也就成功了一半。如果思想苍白、格调低下，你的生活质量也会下降；反之，生活则多姿多彩，使你尽享人生乐趣。

企业的管理工作也是如此，尤其是作为领导者，更要学会高瞻远瞩，站得高才能看得远。吉格勒就曾说过："设定一个高目标就等于达到了目标的一部分。"美国快餐翘楚温迪的创始人——迪布·汤姆斯的成功就说明了这一点。

20世纪中叶以后，在美国的快餐行业中，麦当劳一直稳居首位。除此之外，还有肯德基、汉堡王，这些都是大家熟知的汉堡品牌。但很快，麦当劳的王者地位就被一个叫迪布·汤姆斯的年轻人撼动了。

迪布·汤姆斯从小就很喜欢吃汉堡，1969年，他在美国的俄亥俄州成立了自己的第一家汉堡餐厅，用自己女儿的名字，将餐厅命名为温迪快餐店（Wendy's）。与麦当劳、肯德基这些家喻户晓的餐厅相比，温迪快餐店名不见经传。

但是，迪布·汤姆斯并不因为暂时的弱势而气馁，他给自己定了一个宏伟的目标，那就是赶上麦当劳！

迪布·汤姆斯没有找到马上实现目标的方法，但是他并没有放弃自己的目标，而是在等待机会。终于，他找到了麦当劳在营销过程中的漏洞——麦当劳号称汉堡有4盎司肉馅，而实际重量从来就没超过3盎司，正是利用这一点，他成功借助广告打败了麦当劳。

最终，他的目标达到了，凭借几十年朝着目标的努力，温迪快餐店的营业额年年上升。1990年达到了37亿美元，发展了3200多家连锁店，在美国的市场份额也上升到了15%，坐上了美国快餐业的第三把交椅。

迪布·汤姆斯为什么能成功？可以说，他的成功正是来自在目标管理上的成功。刚开始，他的目标就是麦当劳，朝着这一目标，他努力的方向变得逐渐明朗，离成功也逐渐近了。的确，世上被称为天才的人，肯定比实际上成就天才事业的人要多得多。许多人最终一事无成，就是因为他们缺少雄心勃勃、排除万难、迈向成功的动力，不敢为自己制订高远的奋斗目标。不管一个人有多么超群的能力，如果缺少一个高远目标，他也将一事无成。设定一个高目标，就等于达到了目标的一部分。

可以说，迪布·汤姆斯的成功不仅说明了一个远大的目标对个人奋斗历程的重要性，更说明了一个企业能否顺利成长，能否经久不衰，也与目标有密切的关系。

那么，作为企业的管理者，该如何站在高起点上，为企业量身定制一个合理的、远大的目标呢？管理者需要遵循以下七个步骤。

第一步，对公司的整体目标有较清晰的理解。

第二步，制订符合SMART原则的绩效目标。那么，什么是SMART原则呢？

（1）绩效指标必须是具体的（Specific）。

（2）绩效指标必须是可以衡量的（Measurable）。

（3）绩效指标必须是可以达到的（Attainable）。

（4）绩效指标是实实在在的，可以证明和观察(Realistic)。

（5）绩效指标必须具有明确的截止期限（Time-based）。

其实，上述五个原则不但应该成为企业、团队设定绩效目标应遵循的原则，员工个人也应该遵循。这五个原则缺一不可，而制订的过程也是自身能力不断增长的过程，管理者必须和员工一起，在不断制订高绩效目标的过程中共同提高绩效能力。

第三步，检验目标是否符合上述原则。

第四步，检查可能存在的问题，确认完成目标所需的资源。

第五步，找出实现目标所需要的授权和技能。

第六步，制订目标的时候，一定要和相关部门提前沟通。

第七步，防止目标滞留在中层不继续分解。

# 手表定律：多个目标会让员工陷入混乱

只有一块手表，我们可以知道时间；拥有两块或者两块以上的手表，却无法让人知道更准确的时间，反而会制造混乱，让看表的人不知道哪个才是准确的时间。关于这一点，有这样一个故事：

在一片森林里生活着一群猴子，这些猴子每天太阳升起时就出门觅食，太阳下山时就回去休息，日子简单却也幸福。

一天，一名游客从这片森林里穿行时，无意中将自己的手表落下了，一只名叫"猛可"的猴子捡到了，它很聪明，很快就摸清了手表的用途。于是，"猛可"成了整个猴群追捧的对象，所有的猴子都来向"猛可"请教准确的时间。整个猴群的作息时间也由"猛可"来规划。"猛可"逐渐树立起威望，当上了猴王。

做了猴王的"猛可"认为手表给自己带来了好运，于是它每天在森林里巡查，希望还能捡到游客丢了的表。果然，它很快捡到了第二块、第三块,但是"猛可"却有了新的让它头疼的问题:每只表的时间指示都不相同,哪一个才是确切的时间呢?

"猛可"被这个问题难住了。当有下属来问时间时,"猛可"不知道该怎么回答它,整个猴群的作息时间也因此变得混乱。过了一段时间,猴子们起来造反,推翻了"猛可"猴王的统治,"猛可"的收藏品也被新任猴王据为己有。但很快,新任猴王也遇到了和"猛可"同样的问题。

这就是著名的手表定律,又称为两只手表定律、矛盾选择定律。这一定律的深层含义在于:每个人都不能同时挑选两种不同的行为准则或者价值观念,否则他的工作和生活必将陷入混乱。

对大多数人而言,手表定律并不陌生,因为它几乎无处不在。

美国在线与时代华纳的合并失败就证明了这一点。业内人士都明白,美国在线是一个年轻的互联网公司,企业文化强调操作灵活,目标是迅速抢占市场。然而,时代华纳却有长期的发展历史,并已建立了强调诚信之道和创新精神的企业文化。

两家企业合并后，企业高层们并没有很好地解决两家企业的文化冲突，导致员工完全搞不清企业未来的发展方向。最终，时代华纳与美国在线的世纪合作以失败告终。

这也充分说明，要搞清楚时间，一块准确的表就足够了，要做好一件事，标准也必须统一。

在现实生活中，我们也经常会遇到类似的情况。比如，两场电影你都想看，但是你的时间冲突，只能看一场电影，这个时候你一定会苦恼许久，不知该如何做出决断。

再如，择业时，地点、待遇不分伯仲的两家单位，你将何去何从？在人生的每一个十字路口，我们都要面对"鱼与熊掌不能兼得"的苦恼。

实际上，从事管理工作的领导者也应该从手表定律中获得某些直观的启发：对同一个人或同一个组织的管理不能采取两种不同的方法，不能同时设置两个不同的目标。每一位员工不能由两个人来指挥，否则将使这位员工无所适从。手表定律的另一层含义在于：每个人都不能同时挑选两个不同的价值观，否则，你的行为将陷入混乱。

很多人都没有具体的目标，当他们没有做出成就时，他们就会解释说他们并没有真正失败,因为他们从未设定目标。这是他们比较体面而又没有风险的借口。那么,针对这一点,领导者在从事管理工作的时候,该如何着手呢?

首先,找出正确的目标,统一管理。目标明确,不仅是制订企业战略时"全局高于局部"的一般要求,更是现在的发展形势下对管理者的特殊要求。我们再以手表为例,如果有两块表显示时间不同,我们必须知道哪一块才是正确的。同样,在管理工作中,我们若想让管理工作做出实效,那么,就必须制订出明确的目标,不可模棱两可。

做任何决定都要当机立断,我们受过多的因素干扰,反而会丧失判断力,不能做出正确的决策。在面对管理中的众多问题时,要敢于放弃,迅速做出决定。

其次,在绩效考核上,要遵循标准一致与稳定的原则,不可随意更改。否则,会动摇"军心",让员工对企业失去信心,对管理产生疑惑。

再次,管理制度要对事不对人,即一视同仁,要制度面前人人平等。

最后,在管理运作方面,一定要遵守"一个上级"的原则。

每一个有志于管理的领导者，当务之急都不仅是制订一份目标清单，更紧要的是要照着既定目标，永不退缩，最终实现有效管理。

## 汤普林定理：以共同的目标凝聚人心

我们都听过这样一句俗语："三个臭皮匠，赛过诸葛亮。"这里体现的就是团队的力量。一个有凝聚力的团队，必定有着共同的目标，有没有共同的目标，共同目标的好坏，会直接影响团队的风气、精神，这也是洛克定律对企业管理者的启示。关于这一点，有个著名的汤普林定理，这一定理来自汤普林在指挥英国皇家女子空军时说过的一段话：想要产生统一的力量，并使这种力量产生叠加升级，从而统一各个分散的力量，就必须有能如磁石一样使别人凝聚的目标。汤普林定理告诉我们：要设定整体目标，就要先明确共同利益；组织目标必须能反映个人需求，个人需求能促进组织目标实现。

人与动物是不同的，人有着高级的思维能力。因此，人的行动必须有目标，即使是最终无法实现的目标。

同样，企业管理也是如此。因此，领导者在管理团队的过程中，只有给出一个能指引方向的共同愿景，才能让员工们看到美好的希望，员工们才会自动自发地朝着目标前进，也才会有动力战胜各种困难。

那么,领导者该如何为员工设定工作的方向呢?

1.给员工一个清晰的目的或使命

这个目的或使命通常包含在企业的愿景中,它反映了企业的远大目标。正是凭着这个目标,团队才有了一种方向感。对整个团队来说,小组也应该有明确的目标,小组每个成员的作用也应该清晰明确。而要设置这一目标,必须遵循以下原则:

(1)目标可量化、具体化。

(2)给目标设定一个清晰的时间限制,与此同时,还必须对完成具体任务的时间进行一个合理的规定。

(3)目标的难度必须是中等的。

除上述三个方面以外,还要对目标的进展情况进行定期检查,综合运用过程目标、表现目标以及成绩目标的组合,利用短期的目标实现长期的目标,设立团队与个人的表现目标等,都有利于团队凝聚力的培养。

2.领导者本人必须充满活力

只有领导者始终充满活力、对管理工作保持高度的热情,才能感染企业成员,并利用好各个成员的力量,从而高质量地解决管理工作中遇到的各种问题。

**3.鼓励团队成员开放、真诚地沟通**

管理者要鼓励团队成员通过合作发现并处理分歧、参与决策、做出重大决策向前推动工作。

总之，领导者应该明确团队目标，管理者与团队成员建立共同的目标，这样才能让团队目标与个人目标融于一体，使个人目标与团队目标高度一致，从而大大提高团队的生产效率。

# 皮京顿定理：员工目标明确才会有足够的信心

工作中，我们都有这样的感受，如果我们无法清楚地了解工作的准则和目标，那么，我们必然无法对自己的工作产生信心，也无法全神贯注，这种现象被称为皮京顿定理。这一定理是由美国皮京顿兄弟公司总裁阿拉斯塔·皮京顿提出的。这一管理学的定理与洛克定律有异曲同工之妙。

根据这一定理，作为领导者，在管理工作中，一定要为员工设定一个明确的工作目标，并向他们提出工作挑战，这样会使员工创造出更高的绩效。目标会使员工感到压力，从而激励他们更加努力工作。相反，如果员工对组织的发展目标不甚了解，对自己的职责不清楚，没有明确的工作目标，必将大大降低目标对员工的激励效果。

从前，有一个小和尚，他在寺庙里的任务就是撞钟，半年过去了，小和尚还是和刚开始一样重复着每天的工作，他觉得无聊至极。

有一天，寺庙方丈对小和尚说："从今天起，你不用撞钟了，去寺庙后院劈柴吧，我觉得这个工作不适合你。"小和尚很不服气地问："为什么？我撞的钟难道不准时、不响亮？"

老方丈耐心地告诉他："钟声是要唤醒沉迷的众生。你撞的钟虽然很准时，但钟声空泛、疲软，缺乏浑厚悠远的气势，没有感召力。"小和尚没办法，只好到后院去劈柴挑水。

这里，小和尚"做一天和尚撞一天钟"固然没有达到撞钟的效果，但我们并不能将全部罪责归于小和尚自身。方丈在小和尚从事这一工作之初，并没有告诉小和尚该如何敲钟，要达到什么效果。如果小和尚进入寺院的当天就明白撞钟的标准和重要性，他可能也不会因怠工而被撤职。

这个寓言故事告诉所有的管理者，工作标准和目标是员工工作和行为的方向，缺乏标准，往往会导致员工的工作与企业整体方向相背离，造成大量的人力和物力资源浪费。因为缺乏参照物，时间久了员工容易形成自满情绪，导致工作懈怠。

那么，作为管理者，在为员工制订工作目标的时候，该注意哪些问题呢？

1.目标的稳定性

不是每位下属都能准确领悟领导的心思，也并不是每位下属都能自动自发地完成工作。因此，领导必须充当发令者的角色，并且必须保证指令明确和相对稳定，才能使下级正确理解领导的意图，主动制订出详细的计划去完成任务。

2.目标要和实际相连

盛田昭夫强调："企业领导者必须不断给工程师制订目标，这是作为领导者的首要任务。而制订的目标必须具备三重属性，即科学性、实用性、超前性，这样才能走在对手的前面，立于不败之地。不然，一旦目标不切实际，就会损失惨重，不但劳民伤财，还挫伤开发人员的积极性。"因此，目标的制订不能是空中楼阁、脱离实际的，它必须源于实际，符合开发研究的范围，并有一定的成功把握。

## 下达指令要明确，让下属看到自己的工作方向

任何一个领导干部，在工作中都免不了要下达指令。所谓下达指令是领导通过各种方式，将工作计划中的各种任务交给下属分头执行，以达成组织目标。下达命令是使计划能付诸行动的必要方式，而且是每一位领导责无旁贷的义务。作为领导，需要对每一位员工提出清楚明确的行动要求，才不至于有拖延怠惰或是推诿的情况，执行效率才能提升。

三个月前，小李通过面试进了现在这家公司，但他在新单位很不适应，他向一位老同事抱怨，一份报告写了3次，还不知道合不合老板的意。他说："刚进公司，要学的事已经够多了，时间都不够用，偏偏报告要一遍遍地改，每一次讲得都不一样，都不知道要怎么写才好。"

"老板是怎么说的？"同事问。小李说，第一次老板告诉他，"把每天的业务电话记下来。"所以他就记下所有的电话和内容，结果老板说，"不需要这么详细，浪费时间，只要记

下有成交结果的电话就好了。"所以他就记下成交的结果，后来老板又说，"这样太简单了，你不能只写结果，还是要把互动的内容记录下来。"

案例中的老板和员工可以说是在彼此乱弹琴，一个说不清楚，一个做不清楚，时间就浪费了，再加上情绪的波动，或许会增加更多的负面影响。所以，明确的行动要求，在职场中是非常重要的。

实际上，这位老板只要在一开始就明确地告诉员工，他的报告内容必须包括哪些部分，甚至举个例子给他看，员工就一目了然了。这样，员工就不会因为一份报告来来往往好几次而产生挫折感。

的确，总是有一些领导者在下达指令时话说得糊里糊涂、不明不白，下属也不敢多问，只好去猜领导的真实意图，猜错了不但白白浪费时间，还会制造许多误解，有时甚至耽误公司的重要流程。而最终的结果就是，做领导的认为下属办事不力、工作效率低，而做下属的也是敢怒而不敢言。

另外，一些领导者喜欢下模糊性的命令，比如，他们常说"你报告做完就拿来"。这种模糊不清的表达，很容易在将来引发争端。最好是在和对方讨论出最合适的时间和进度之后，再做详细的要求："你利用一个礼拜的时间，完成第一个阶段的报告，下礼拜同样的时间，我们再开一次会，讨论你的报告内容，这样的安排你觉得可以吗？"清清楚楚地指出时间节点，目标十分明确，这样可避免许多沟通上自我诠释性的误差。

没有具体内容的命令，会使部下无所适从。要么不去做，要么靠自己的想象来做，必然导致工作结果出现偏差。那么，具体来说，领导应该如何向下属下达指令呢？

1.指令要完整

完整的命令要有6W2H要素，也就是何事（WHAT）、何故（WHY）、何人（WHO）、何时开始和结束（WHEN）、何地（WHERE）、为谁（FOR WHOM）、如何（HOW）、成本（HOW MUCH）方面的具体内容，这样下属才能明确地知道自己的工作目标是什么。

下面是不同的命令举例，你认为哪一个最好呢？

（1）小王，最近我们的产品质量不太好，近期你的主要任务就是提升产品品质。

（2）小王，最近我们的产品质量不太好，质监部门的报告显示产品合格率从98%下降到了93%。近期，你的主要任务就是抓质量，你一定要在近期把抽检合格率提上去！

（3）小王，最近我们的产品质量不太好，质监部门的报告显示产品合格率从98%下降到了93%。近期，你一定要把抽检合格率重新提高到98%！

（4）小王，最近我们的产品质量不太好，质监部门的报告显示产品合格率从98%下降到了93%。你一定要从今天开始，在2周的时间内把抽检合格率重新提高到98%，要保证产品的质量。这样，才能让我们部门乃至整个公司的效益提升上去！

（5）小王，最近我们的产品质量不太好，质监部门的报告显示产品合格率从98%下降到了93%，你一定从今天开始，在2周的时间内把抽检合格率重新提高到98%。要保证产品的质量，这样，才能让我们部门乃至整个公司的效益提升上去。现在你知道问题出在哪吗？我从质监部门那里得到反馈，你负责的那条生产线上有两名新员工对产品规格有误判，导致产品不合格。从今天起，你要把工作重心投入对这两名新手的培训上，向他们讲解合格产品的标准，直到他们不再出现这样的失误。同时在生产过程中也要加强对他们的巡查，随时指导，以提高他们的外观检出能力。我相信你能做好这件事情！

## 2.指令要明确

每个人都有一定的讲话习惯，有的人含蓄委婉，有的人啰啰唆唆，有的人直截了当，有的人遮遮掩掩。但作为领导，下达指令一定要明确，否则，就会导致下属在理解上出现障碍。

例如，一位上司把下属叫过来说："上周我们的业绩不佳，我们应该有所改进。"

下属说："我们也在想办法改进，但我不知道公司的看法是什么，公司的目的究竟是什么。"

上司回答："公司就是希望你们干得更好些，多卖些货出去。"

很显然，这个上司发布的指示对下属而言是无效的，因为它太含蓄、太笼统了。因为从上司的话中，下属既没有了解到上司对于工作的具体改进要求，也没有获得改进工作的具体目标。由于上司的含蓄风格，这次对话成为完全没有意义的沟通，下属只能按照自己的想法去工作。

这只是一个例子，其实在沟通中，由于个人偏好而造成的沟通障碍还有很多。官场上"原则上……""我基本上同意……""还需要研究研究……"等口头禅之所以被人厌恶，就在于它们根本无法传达准确信息，不能让他人理解想要达到的目的。

可见，讲话是一门艺术，向下属下达指令更需要领导者具备良好的口才。只有明确、完整的指令才具备良好的指导作用。

# 第四章

## 洛克定律与学习管理：如何高效快乐地完成学习目标

对学生来说,要想完成学习任务、取得好成绩,就应该从现在开始,为自己制订一个合理、明确的学习目标。你只有制订好目标,才能充分利用时间,才可以把自己有限的时间用在实现目标的每一步上,不浪费一分一秒!

## 明确学习目标，你才知道如何学

当自己没有清晰的梦想时，也就没有努力的方向。任何一个人都必须要有自己的人生目标，否则就会像一只无头的苍蝇，找不到努力的方向。

在刘易斯·卡罗尔的作品《爱丽丝梦游仙境》中，有这样一段爱丽丝和猫的对话，十分有趣：

爱丽丝问："请你指点我，我要走哪条路？"

猫回答爱丽丝："那要看你想去哪里。"

"去哪儿无所谓。"爱丽丝回答。

"那么走哪条路也就无所谓了。"猫说。

这一段对话寥寥数语，却耐人寻味，也足以说明目标的重要性，这也是洛克定律对于我们的启示。学生需要学习目标，学习如果没有目标，就如航海没有灯塔，很容易迷失方向。而当我们有了一个学习目标，就会不懈地努力。

姗姗是一名刚刚升上高中的学生，毕业考试成绩优异。

谈到自己的学习心得时，她说："学习首先要有明确的目标，有目标才有动力。拿我自己来说，上初一的时候，我就立下这样的目标，一定要上重点高中。当然这是一个长期的目标，有了这样的目标，我就能做到学习的时候不松懈，永远充满斗志。当然，目标要切合实际，目标太大、太遥远，会因为长时间达不到而挫伤自己的积极性；目标太小，又不能起到激励自己的作用。理想的情况是定一个比自己的能力高出一点，又能达到的目标。怎样去向自己的目标努力，我的总结是三个多：多思、多记、多问。多思是指要勤于思考，培养自己思考的深度。多记，是指用笔记下学习中的点滴收获，好记性不如烂笔头。多问，我觉得多和同学交流非常重要，做题时看看其他同学的思路，往往会很有启发。"

从这名学生分享的学习经验中，我们发现，盲目的学习是要不得的。策略的第一步应该是明确自己的目标，有目标才会有动力。

学习目标具有导向、启动、激励、凝聚、调控、制约等心理作用。明确的学习目标对孩子学习活动的安排、学业成绩的提高都会产生积极的影响。一些研究表明，完成同样的学习任务，学习目标明确的学生能比没有目标的学生节省60%的时间。

那么，该怎样制订学习目标呢？确定、分解学习目标有以下三个要点：

1.大目标要细化为小目标，心里要有数

以高中阶段的学习为例，高一要做什么，高二要做什么，高三要做什么，计划要具体到每一个年级。高三又可以划分为几个阶段，每个阶段要完成什么学习任务，甚至可以具体划分到每个月、每个星期、每一天。

2. 学习计划要有针对性

学习计划要清晰，明确每个阶段要完成的具体任务，以及要实现的具体目标，有针对性地行动。

3.制订计划是为了坚持

大目标短时间内不能很快见到成效，但是你要看到自己每天的努力，在完成每天的学习任务后，距离成功又近了一步。基础差并不可怕，关键是要坚持不懈。可能你走了一千步还没有看到成功，但是不要放弃。坚持不懈，你会发现，也许成功就在一千零一步的拐弯处。

总的来说，明确的目标是提升学习能力和时间管理能力的前提。而制订学习目标后，如果你自制力不足，可以寻求父母的监督和指导，进而帮助你不断地朝着目标奋进。

# 目标是一切成就的起点

每个人都有自己的理想,并渴望成功,而最终能成功的人只不过是极少数,大多数人只能与成功无缘。他们不能成功是因为往往空有大志却不肯低下头、弯下腰,不肯静下心来努力学习,不愿从身边的本职工作开始积聚自己的力量。要知道,只有一步一个脚印,踏实、不浮躁地学习,才能为成功奠定基础。而实际上,这正是当今社会一些年轻人所欠缺的。有些时候,他们会怨天尤人,给自己制订一些虚无缥缈的目标。任何目标只有在有可能实现的情况下,才能真正起到激励作用,不切实际的目标只会打击我们的自信心,也几乎没有办法实现。另外,任何一个成功者的成功都不是一蹴而就的,他们成功的不变因素都是努力学习,而他们努力学习的动力来源于根植于内心的人生目标,目标是一切成就的起点。

同样,人生才刚刚开始的学生们,也要尽早找到自己的目标,使之成为自己学习的动力。一个人只有确立了前进的目标,他才会尽最大努力地发挥自己的潜力。努力是实现目标的唯一途径，只有不断努力，我们才能检验出自己的创造性，才能锻炼自己，成就自己。

人人都羡慕成功者，羡慕那些实现自己人生价值的人。其实，他们之所以成功，就是因为他们知道自己想要什么，并且不懈地为之努力。他们很早就知道一个道理，人立志一定要趁早。

因此，你只有从现在起，树立一个精细、明确的学习目标，并为之努力、奋斗，你才会发现体内所蕴藏的巨大能量，才能最终实现自己的理想。

有理想、有追求、有上进心的人，一定都有一个明确的奋斗目标，他懂得自己活着是为了什么。他所有的努力，从整体上来说都能围绕一个比较长远的目标进行，他知道自己怎样做是正确的、有用的，否则就是做了无用功，浪费了时间和生命。

可能有些人会认为自己年纪尚轻，立志为时尚早，而实际上，一个人只有尽早树立目标，才能尽早付诸行动，才能找到努力的方向。因为目标不会凭空实现，不采取具体步骤，就不可能获得任何成果。

总之，人只有树立了目标，才会找到方向。目标是对于所期望成就的事业的真正决心，如果一个人没有目标，就只能在人生的旅途中徘徊，永远到不了任何地方。正如空气对于生命一样，目标对于成功也有绝对的必要。如果没有空气，人就不能生存；如果没有目标，没有任何人能成功。

## 有兴趣才有目标,你才能学得好

人们常说"兴趣是最好的老师",教育心理学家认为:"热情的态度是做任何事的必要条件。任何学生只要具备了热情,就都能获得成功。"一个人爱好学习,勤奋读书,就会学有所获。任何人,只要具备了学习的热情,无论外在条件多么艰苦,他们都能汲取到知识带来的营养。而如果你被动地学习,那么,你只能停留在对知识的储存和记忆上,而不能正确地运用知识,你的学习就会低效甚至无效。

作为学生的你,应该将兴趣当成自己的一种学习目标,你只有对学习有热情,才能产生学习动力,并真正提高学习效率。

的确,学习是枯燥的,但只要你努力专注,你就能逐渐产生兴趣。例如,政治学科的理论性比较强,很枯燥,所以应多培养对政治的兴趣。平时多关注些国家的大政方针政策,在遇到问题时,可以把自己想象成一个公务员,想象公务员是怎样解决问题的,这样政治就生动起来了,其实政治就在我们身边。

那么，该怎样挖掘自己对学习的兴趣呢？我们先来听听下面这位学生是怎么学习的。

"我从小对历史和文学比较感兴趣，因此一直在历史和语文上得心应手，花费时间不多，收到的效果却很好。我初中阶段一直对数理化缺乏兴趣，于是中考惨败。上高中之后，我痛定思痛，认为兴趣在学习过程中扮演着相当重要的角色，兴趣也绝不是天生注定、一成不变的。

兴趣可以是与生俱来的，也同样可以是后天培养的。上高中后，我就十分注意培养在数学方面的兴趣，尝试一题多解和多题一解，尝试从一道题中琢磨一类题的共性，这个过程开始是不自觉的，乃至痛苦的，但历久成习惯，习惯成自然，在经历了一段努力拼搏的时期之后，我对数学的兴趣已不知不觉地产生了。"

从这名学生的陈述中，我们可以发现，兴趣是激发他努力学习的动力，而他对学习的兴趣也不全是与生俱来的。的确，兴趣是可以培养的，千万不能拿没兴趣作为搪塞自己的借口。

有些学生某学科学得不好，成绩很差，问他是什么原因，他会理直气壮地说:"我没兴趣!"有些学生则说:"我对学习没有兴趣,我学不好,我不学了!"不想学习就说没有兴趣,不愿干的事也说没有兴趣,这只是借口而已。

在培养兴趣这一问题上,你可以从以下几点着手:

1.积极期望

积极期望就是从改善学习者自身的心理状态入手,对自己不喜欢的学习内容充满信心,相信它是非常有趣的,自己一定会对它产生信心。想象中的"兴趣"会推动我们认真学习,从而逐渐对学习真正产生兴趣。

2.从可以达到的小目标开始

在学习之初,确定小的学习目标,学习目标不可定得太高,应从努力后可达到的目标开始。不断地进步会提高学习的信心。

3.了解学习的目的,间接建立兴趣,培养热情

学习目的,是指你要明白学习的结果是什么,为什么要学习。学习都是要经过长期艰苦努力的,这往往让人望而却步。如果你能对学习的个人意义及社会意义有较深刻的理解,就会认真学习,从而产生浓厚的兴趣。

4.培养自我成就感,以培养直接的学习兴趣

在学习的过程中,每取得一个小的成功,就进行自我奖

赏，达到什么目标，就给自己什么样的奖励。有小进步、实现小目标则有小奖赏，如让自己去玩一次自己想玩的东西；有中进步、实现中目标则有中奖励，如买自己喜欢的书画或乐器等；有大进步、实现大目标则有大奖励，如周末旅游等。这样通过分级奖励来巩固自己的行为，有助于我们产生自我成就感，不知不觉就会建立起对学习的直接兴趣。

# 制订学习目标的三个要求

高尔基说过:"一个人追求的目标越高,他的才能就发展得越快,他对社会就越有益。"一个人有了明确的目标,就会始终处于一种主动求发展的竞技状态,能充分发挥主观能动性,精神饱满地投入学习和工作中,摆脱低级趣味的影响,而且为达到目标能够有所放弃,一心向学。

在实际中,制订的奋斗目标越鲜明、越具体,越有益于成功。一个登山运动员之所以能征服高山,是因为顶峰这个目标时刻在他心中。成功者之所以能取得成就,也是因为他的心中坚守着一个目标。同样地,学习者要攀登学业的高峰,也需要有明确目标的引导和鼓舞。

目标有长短之分。一个人一生的奋斗目标或者相当长一段时期内的目标属于长期目标;而学期学习目标、月学习目标乃至日学习目标属于短期目标。在制订目标的时候,我们每个人都应该根据自己的实际情况,制订自己不同阶段的奋斗目标,其中应该包括较长期目标和短期目标。例如,对高中学生来说，取得较好的学习成绩是每位学生近期的、必成的目标，而考上理想的大学，成为对国家、对社会有用之人，成为有所建树、有所发明、有所创造之人，则属于长远目标。

然而，学习目标的制订也是要遵循一定原则的。对此，我们不妨先来听听成绩优异的学生小英的经验。

"同是24小时，不同的人会有不同的效率。如有的同学善于科学地安排自己的学习时间，学习、生活、休息井井有条，学习效果也很好；有的同学却相反，不善于安排时间，整天忙作一团，学习、生活无规律，学习效率也不高。所以，科学安排学习时间是非常重要的。那么，怎么安排才算合理呢？首先要拟好计划，要清楚一周内所要做的事情，所要达到的目标。然后制订一张日作息时间表，在表中填上那些非花不可的时间，如吃饭、睡觉、上课、娱乐等。安排完这些时间之后，选定合适的、固定的时间用于学习，必须留出足够的时间来完成正常的阅读和课后作业。当然，学习不应该占用作息时间表上全部的空闲时间，得给休息、业余爱好、娱乐留出一些时间。这一点对学习很重要，值得注意。"

从小英的经验分享中我们不难看出，她制订的学习目标的特点是合理。的确,只有合理的目标才是可操作的。

那么,具体来说,学习目标的制订需要遵守以下三个原则:

1.全面

在安排时间时,既要考虑学习,也要考虑休息和娱乐,既要考虑课内学习,也要考虑课外学习,还要考虑不同学科的时间搭配。

2.合理

要找出每天学习的最佳时间,如有的同学早晨头脑清醒,最适合进行记忆和思考,有的人则晚上学习效果更好,要在最佳时间里完成较重要的学习任务。此外,注意文理交叉安排,如复习一会语文,就做几道算术题,然后复习自然常识和外语等。

3.高效

要根据事情的轻重缓急来安排时间,一般来说,应把重要的或困难的学习任务放在前面完成,因为这时人的精力充沛,思维活跃,而把比较容易的放在稍后去做。此外,较小的任务可以放在零散时间完成,以充分高效利用时间。

一天中供自己安排的时间基本上分为四段:早上起床到上午上学,上午放学到下午上学,下午放学到吃晚饭前,吃晚饭后到睡觉。同学们应主要在这四段时间里统筹安排自己的学习生活内容。

在进行时间安排时，还要注意以下两点：

（1）要突出重点。也就是说，要对自我分析中找出的学习弱点或比较薄弱的学科，在时间上给予重点保证。

（2）要有机动时间，计划不要排太满太紧，贪多的计划是难以实现的。

定了计划就一定要实行，不按计划办事，计划就是没有用的。为了使计划不落空，要定期检查计划的实行情况。可以制订一个计划检查表，把什么时间完成什么任务、达到什么进度列成表格，完成一项就打上对号。

# 制订学习目标的三个原则

人生在世,谁都希望获得成功,而世界公认的成功定义是:成功就是逐步实现一个有意义的既定目标。的确,目标是成功的灵魂所在,同样,对学生来说,你要想成为一名优等生,要做的第一步就是树立一个成为学习优等生的目标。

因为没有目标就没有动力,人能攀登多高首先取决于是否找准自己的目标,只有选准方向,才能持久稳健地走下去,才有望达到"顶峰"。一个人没有目标,就像一艘轮船没有舵一样,只能随波逐流,无法掌握方向,最终搁浅在绝望、失败、消沉的海滩上。

学生A:"有规律的生活、学习节奏在我的学习中发挥了不小的作用。合理地安排好什么时候该做什么事能有效地减轻学习负担,保持学习兴趣。举例来说,原来我每天学两小时的数学,这对我来说是恰当的学习时间。虽然这一次考试的数学成绩不是很理想,但从今天开始我每天用三个小时来学数学,这种想法也是错误的。因为我们不可能长期保持每天学习三小时数学而不感到厌烦。学习一旦使人感到厌烦了，学习的效果就会直线下降，这个时候正确的方法是保持过去适合自己的学习时间。一次考试的结果并不一定就能完全否定你之前的学习方法，学贵有恒，短期突击或许能在短期内加强你的积累，但就长远来看，将使人丧失学习的兴趣，断不可取。只要坚持每天按自己的节奏走下去，就一定能达到自己的目的。"

学生B："确定每日、每周、每月的安排，坚持执行，必有成效。我在高三时的时间安排紧中有松。每天早晨7:00到教室，做半小时的英语练习，接着开始上课；中午回家吃饭后休息30~40分钟(注意：一定要躺下来休息)；1:20到校学习至2:50；下午及晚上基本按照学校的课程表安排学习。同时，课间休息也是十分必要的，最好离开座位走动一下。中午学习不必很紧张，有空不妨看看报纸和杂志，既可以放松大脑，又可以为作文积累素材。一周之中一定要为自己安排一个放松的时间，如周六晚上或周日上午，完全丢开学习，放松身心。

学生C："学习计划不必专门拟订成文，定好时间安排后，可利用晚上睡前的几分钟对第二天学习的具体内容做个规划。此外，如果有偏科情况，可在晚上放学后适当补习，但时间不宜过长，必须保证充足的睡眠。安排学习时，最好征求一下老师的意见,尤其是自己的弱势学科,更要重视老师的看法。"

从这两位学生的经验分享中,我们大致可以看出他们制订学习目标的原则:适当、明确、具体。

1.适当

就是指目标不能定得过高或过低,过高了,最终无法实现,容易丧失信心,使计划成为一纸空文;过低了,无须努力就能达到,不利于进步。要根据自己的实际情况,提出经过努力能够达到的目标。

2.明确

就是指学习目标要便于对照和检查。如"今后要努力学习,争取更大的进步"这一目标就不明确,怎样努力呢?哪些方面要有进步?如果改为:"数学课和语文课都要认真预习。数学成绩要在班级达到中上水平。"这样目标就明确了,以后是否达到就可以检查了。

3.具体

目标要便于实现,如怎样才能达到"数学中上水平"这一目标呢?可以具体化为:每天做10道计算题、5道应用题,每个数学公式都要准确无误地背出来,等等。

当然,在制订学习目标前,你还应该对自己做一个全面的分析，尤其是偏科情况，对偏科的原因也要具体分析。然后，把自由学习时间合理分配，要大胆减掉做题时间，变成更为合理的分析、总结和研究时间。为此，要多与老师一起商讨，在老师的辅导和讲解中理清自己的思路，进一步提高解题能力。

## 阶段性目标的制订尤为重要

每个人都应该有目标,大的目标应该是一个十年、二十年甚至几十年为之奋斗的结果,应该定得比较远大一些,这样有利于激发自己的潜能。但由于某些不确定因素的存在,人生目标不一定非常具体详细,只要有一个明确的方向就可以。因此,我们的目标可以分为长期目标和阶段性目标,这样制订的目标才是合理的。

而对有学习任务的学生来说,当下的目标应该是进入自己理想中的高校。每个学生都应该为自己制订一个学习目标,学习目标可以分为以下两部分。

一是学习的目标,或称学习阶段的总目标。如自己要知道学习到底是为了什么。为自己、为父母,还是为其他需要感激和感恩的人?为了将来的发展,为了上大学,还是为了证明自己的价值?这些都是很不错的理由。只要你认为它可以给你带来源源不断的动力,可以促使你向着自己希望的方向去发展、去努力,就可以把它当作自己的目标确定下来。

二是学习的步骤性目标。只有实现了步骤性目标，才能最终实现自己学习的总目标。例如，这一节课必须掌握住哪些知识，这一天的复习要包括哪些内容，这一个月的学习要达到什么效果。小到一小时，大到一个月、一学期、一年，都要有目标。只有这样，才可以不懈怠、不放松，一步一个脚印地朝着自己的最终目标前进。

当然，如果想进入理想的学校，你还要制订一个年度目标。根据年度目标，可以具体量化学科分数指标和自己的心理成长指标。年度目标的制订既要符合你当前的学习水平，又要适当地高于自己的实际水平，以便促进未来一年中自身的发展和成长。同时，为了目标的清晰直观，你可以在班级中大致估计对比一下，找到和自己目标接近的同学。例如，某位同学目前的水平应该可以考上你理想的学校，就把他作为实际中追赶的对象。经验告诉我们，只要目标明确、方法得当，高三一年中成绩在班级提升10~20名是常有的事情。

有了年度目标，还要学会将目标阶段化，只有这样才能由目标逐步落实到任务。首先，由年度目标得出中期目标。按照前松后紧的原则，可以在高三前半年落实任务的40%，如全年要提高10名，那么期中要提高4名。这是因为高三前半年还有一些新课程要学，我们需要在上半年付出一点时间和精力，调整自己的心态，使自己进入良好的学习和状态。可以说，前半年能够完成中期目标的学生，年度目标通常都能顺利完成，因为越到后面，我们的心理因素和压力调整就会发挥越大的作用。

接下来就是每个月的短期目标了。制订短期目标应注意以下三个方面的问题。

第一，要对自己做一个全面的分析。制订目标就像是为自己的未来勾画了一个蓝图，描绘了到达最终目标的时间和要求，但究竟如何起步，还得从自身的现状出发。因此，要充分分析自己目前的情况。如自己有哪些优势和不足，如何发挥优势，克服不足；自己各科的潜能如何，是否已经充分发挥出来了；自己各科成绩如何，偏科情况如何，如何补救；自己的学习毅力和勤奋程度如何；自己的学习方法和学习效率怎样，需做哪些改进；等等。

第二，可为每个月定名，确定主题。例如：

一月为"力学月"。

目标：熟练运用受力分析，掌握与力学有关的各种物理题。

任务：找出各种和力学有关的题型，把它们归纳成四、五大类，十种已知，八种求解。

具体做法：归纳力学主要知识点，研究习题册和考卷中的题目。

　　第三，偏科越严重的科目越要先补，分值越大的科目越要先补。你要根据自己的学习潜能、学习成绩、学习方法、努力程度等实际情况，制订自己的行动计划，主要是明确自己将要在哪些方面采取什么样的措施。如在外语学习方面，要加大课外时间的投入，选择较好的英语参考书，提高阅读能力，增加词汇量；在语文学习方面，增加课外阅读量，逐渐丰富作文素材，提高写作能力。

　　第四，语文和英语要细水长流，建议利用每天的零散时间来背诵单词和复习文学常识，具体任务可以每月制订，但是不能影响该月的主题。

## 制订了目标,就要持之以恒地努力达成

在了解了洛克定律后,我们都知道目标对于完成学习任务有不可替代的重要性,但在实际操作的过程中,总会出现这样那样的因素,使我们无法达成目标。无论如何,你需要记住的是,严格执行自己的学习目标,才能真正看到良好的学习效果。当然,在学习的过程中,会出现很多让你想放弃的情况,但无论如何,你都要严格要求自己。

一位同学分享了他的学习经验:"虽然说制订计划是老生常谈了,但却非常必要。制订的计划一定要符合自己的实际情况,而且要按时完成。我一般在睡觉前都会列好第二天要完成的任务,第二天完成一项就划掉一项,直至睡觉前全部划完为止。关于周计划、月计划,我会和月考,和老师的教学安排同步,这样做节省了大量的时间。"

这名学生之所以能获得好成绩,与其严格要求自己的学习

态度是分不开的。

"我的学习还不错，但是我还想让自己的成绩更上一层楼。我也不知道自己怎么搞的，每次定的目标都不会实现。比如说，我双休日打算复习什么功课或者做某件事，都不会按我的计划进行。我学习上还有一大阻碍，就是外语，看见那密密麻麻的单词我就头疼，我怎样才能做好呢？"

这可能是很多学生的心声，他们也想努力达成学习目标，但似乎总是事与愿违，而没有严格执行学习目标又会让他们产生心理压力。于是，像这样恶性循环下去，他们的行动往往收效甚微。

那么，到底该怎样做才能达成目标呢？对此，你可以尝试以下五种方法。

第一，严格遵守作息时间。最好是有人能成为你时间上的标杆，这个人一定是能够严格遵守作息规律的人，你可以将他的作息时间作为模范。

第二，要提高你的学习效率。无论你做什么事情，当你决定去做了以后，面对任务的第一件事，就是要认真地默默告诉自己——这件事我会在多长时间内完成。比如，记好一个公式需要几分钟,解完一道题是几分钟,或者完成一项工作要几分钟。要让自己用尽量少的时间来完成一件事情。效率提高了,你的状态自然而然就回来了。

第三,要细化你的学习计划。有些人总想着一下子实现目标,但根据洛克定律,我们知道这并不可能,这只会白白增加自己的心理压力。还有的同学在定目标的时候本身就违反了洛克定律——目标定得不小,而且不肯做好眼前的每一件极小的事,比如,弄懂一道习题,记好一个英语单词,学会一个成语,等等。这些事情虽小,可大目标正是由它们累积起来的。所以,要学会把大目标分解为若干层次的小目标,这叫作目标分解法。它可以让人着眼于一个个较容易达到的小目标,从而减轻心理压力,增强信心,实现目标。由于这种分解只是心理上的,所以有的心理学家把这种方法称为"心理除法"。心理压力没有了,人就可以轻轻松松地实现目标了。

计划不能是目标性的,而应该是任务性的。要细化到每天完成几个具体的小任务,如果是学习任务,那么就是读几页书、背几个知识点、做几份试卷,如果是工作,那么就是完成几项任务、打几个电话、进行几项记录与反馈等。计划越大,你的内心就会越紧张、越忙乱,自然也就越无从下手。计划越细小、越具体,你实现起来也就越容易,对自己的信心也就越大。

第四，要巩固你的锻炼习惯。有条件的话，可以坚持早晚各进行15分钟的慢跑活动，如果没有场地，也可以考虑爬楼梯。你的身体苏醒了，你的心理状态自然也苏醒了，学习其实与心理有很大的关系。

第五，多做积极暗示。在心理学上，有个"心理暗示"的说法。比如，如果你经常给自己暗示"我每次定的目标都不会实现"，那么，就等于你给自己贴了一个消极的"标签"，它会不断地给你一种消极暗示：我定了目标也不能实现。于是，你在不知不觉中就放弃了努力，目标就真的不能实现了。这似乎又提供了证据，说明你定的目标就是难以实现。为此，你最好经常鼓励自己："我一定能完成。"在积极的暗示下，你的学习才会向好的方向发展。

能做到以上几点，相信你就能有效地提高自己的耐力和意志力，最终实现自己的学习目标。

# 尽量不打折扣地完成学习目标

有人说,学习好比打仗,为了达到更好的学习效果,必须有自己的战略和战术。我们首先要做的就是明确目标、制订计划、合理安排时间,这样就可以把自己有限的时间充分地利用起来,不浪费一分一秒。相信每个学生都有自己的学习目标,但你真正充分利用自己的时间了吗?实际上,很多时候,你之所以会浪费时间,是因为你总是给自己的目标打折,当目标未完成时,你会告诉自己"差不多就可以了",于是,你会扔下学习去参与其他活动,这样又怎么能高效学习呢?

事实上,任何一个学习成绩优异的人对待学习都是认真的,在完成学习任务上都是不打折的。

学生A:"我觉得我就是个很普通的学生。我最大的优点就是比较有毅力,不会轻言放弃。我确定了一个目标,就会克服一切困难,坚持去完成它。我想,就是这种对目标执着的劲头,让我更容易在考试中取得好成绩。"

学生B："学习一定要有计划。我每天早上一醒来，就会想这一天有哪些事情要做、哪些章节要看、哪些习题要写。把每一天都计划好，这一天就按照自己的计划去严格地执行。我晚上睡前还会检查这些计划是不是都完成了，完成得是不是都能让自己满意。每一天都给自己进行合理规划，每一周、每一月都是如此，这样就能高效率地学习和生活。"

的确，有计划是高效率学习的前提条件。你在明确学习目标的基础上，需要根据自己的学习特点和自身实际能力，以及所处的客观环境、条件，确定学习内容和任务。为了科学地运用时间，制订一个适合自己的学习计划很有必要。这样，不仅可以赢得更多的学习时间，也可以从整体上把握自己的学习方向和进度。但是，并不是所有学生都能真正按照学习目标学习，他们总是认为目标完成得差不多就行了。总是给自己的目标打折，又怎么可能真正获得进步呢？

因此，我们的目标一旦确立下来，就一定要立即行动去实施，并且要尽量做到没有折扣。要知道，学习是容不得半点疏忽的，想取得好的成绩，想成为优等生，就要下苦功，就要严格要求自己。

对此，你不妨在每天晚上结束了学习活动之后，将每天的学习目标都拿出来检查一下。完成了的，就在前面打上对号，没有完成的，就在前面打上叉，然后统计一下完成了百分之多少。刚开始的时候大概能完成60%，时间久了，基本上能维持在80%左右。

在确定目标、制订学习计划并且执行计划后，若阶段性目标顺利实现了，则继续进行下一个目标，若没有实现，则要分析原因是什么，然后重新制订目标、期限和计划。这里要强调的是，制订目标是为了让自己有一个强大的学习动力，动力的来源就是实现一个个阶段性目标后的成就感和对完成下一个目标的期待和自信，当目标不能实现时，将很难产生学习动力。

从这里，我们还可以发现，阶段性目标的完成以及完善是有助于我们产生继续学习的动力的。不要把希望寄托在明天，在学习上，我们要对自己要求严格一些，严格执行你的目标，你才有可能超越自己，超越对手。

当然，这里我们还应该注意的是，大部分学生总是在没有做这件事之前信誓旦旦，但是等到把这件事情真正做起来，往往就只有三分钟热度，或者"三天打鱼，两天晒网"。所以，我们要坚持不懈地向着目标前进。

总之，有行动才会有实现目标的可能，但学习容不得半点马虎。我们都应该制订自己的学习目标,并学会不折不扣地完成它,只有做到脚踏实地、有步骤地完成,你才可能不断地实现你的目标,逐渐取得好的学习效果。

# 第五章

## 洛克定律与职业管理：如何规划你当下和未来的路

根据洛克定律，我们在工作中要制订能长远目标，比如，我们该如何进行职业定位、如何选择职业、如何在职场工作、遭遇瓶颈期该不该跳槽以及如何确定自己未来的发展方向等。我们需要认真规划，只有这样，我们才能确定自己的工作方向，才能拥有工作动力。

## 好的职业前景，从一个好的职业规划开始

生活于世，任何人都有人生的目标。同样，身为职场人士，我们也应该有自己的职业目标，职业目标是引领职业成功的关键。很明显，这与我们在前面说的洛克定律具有普遍应用性是不谋而合的。洛克定律告诉我们，一个人的职业生涯，只有以清晰合理的目标为指引，才能更有动力，也更容易成功。因为只有目标明确，你才能清楚地知道自己当下所处的位置，才能看清自己现在的状况与长期目标是不是偏离了，才能做出调整。

小李已经毕业两年了，在这两年内，她已经跳了三次槽了。在这两年的时间里，她先后从事了性质不同的四份工作：民办学校的教师、教育机构的咨询员、办公器材的销售员、保险的推销员。这四份工作只有做教师与她的专业对口，其他都是在招聘单位急需用人，她也急需工作的时候找到的。那时单位不考虑她的专业，她也不考虑工作的性质，她只看薪水和招

聘单位的承诺，只要薪水满意或者未来的薪水可以达到她的预期，她就接受这份工作。就这样，她像走马灯似的换了四家单位，换了四种工作。

这一次，小李拿着她的中文简历找到一个猎头，希望猎头能为她翻译英文简历。她说她看好了一家各方面都不错的外资企业，薪水尤其诱人，所以想制作一份英文简历试试运气。

这位猎头一看这份简历，发现这还是小李大学毕业时用的简历，只是在工作经历一栏多了几行字，也只有从工作经历里才能看出这不是一个应届毕业生。猎头摇了摇头。

这里，单从小李工作的种类上来看，她的职业经验无疑是丰富的，经历也是复杂的。但是这种经历在质量上很难让人信服，实在是缺乏说服力。为什么会这样呢？因为她没有明确自己的职业目标，不知道自己要做什么、能做什么，最终导致职业发展失去了方向。

小李的经历说明，我们要掌握在职场的主动地位，最重要的就是要有一份职业规划。你需要明确自己未来三年、五年，甚至十年、二十年的职业目标，给自己的职业生涯一个定位。这就是职业规划的作用，它使你能时刻感知到你自己的存在。

所谓的缺乏职业规划，就是指职场人士在步入职场之前或在职场中时，缺乏对自己能力和发展的明确认识，更没有认清自己所处的职场环境。很多职场人士往往处于这种"不知己不知彼"的状态中，走一步算一步，不知道自己未来的走向如何，更不知道自己可以朝着哪个方向走。不少人连初始的职业选择都存在着困难，不知道自己能干什么，适合干什么，喜欢干什么。这必然导致他做了一份自己不愿意做的工作，或者是做了一份不适合自己做的工作。可以想象，这样只会使其逐步失去工作热情，导致工作散漫和拖延，前途堪忧。

那么，一个完备的职业规划是怎样的呢？

根据洛克定律的要求，我们每个人都可以给自己定一个长期的目标和短期的目标，综合起来就是职业规划。长期目标指的是你到某一年龄段要达到的目标，而短期目标则是你当下或者近期想达到的，两者并不矛盾，而是统一和谐的。

同时，在制订目标之前，你首先要做的就是了解自己。一方面是了解自己的能力和特长，另一方面也是了解自己的性格特点及兴趣爱好，看能否达到完美结合。如果不能，应该向哪个方向发展则需要你理性选择。

那么，进行职业规划要明确哪些目标呢？

长期目标（5年、10年或15年）：这个目标会为你指引前进的方向，因此，这个目标能否确定好，将决定你很长一段时间是否在做有用功。当然，长期目标还要求我们不可拘泥于小节不要在不重要的事情上浪费时间。

中期目标（1~5年）：也许你希望自己能拥有房子、车子、升职等，这些就属于中期目标。

短期目标（1~12个月）：这些目标就好比是在一场淘汰制的比赛中取得预赛的胜利，它们能鼓舞你不断努力、不断前进。这些目标提示你，成功和回报就在前方，鼓足干劲，努力争取。

即期目标（1~30天）：这是你每天、每周都要确定的目标。每天当你睁开眼醒来时，你就需要告诉自己：相对于昨天的自己，今天的自己要达到什么突破。而当你有所进步时，它也会不断地给你带来幸福感和成就感。

因此，每一个身处职场的人都要认识到洛克定律的重要。在进入职场之前，要先问问自己：五年之后、十年之后、二十年之后，我的职业目标是什么？要达成这些目标，我还需要补充什么？意向中的那个职位究竟在哪些方面能帮助我提升？了解这些，也许对你的职场发展更有帮助。

## 择业时，别忽略兴趣爱好这一要素

我们发现，生活中有不少人总处于忙碌的状态，他们认为这样就证明自己身处重要的岗位上。然而，洛克定律告诉我们，忙碌的状态并不错，但一定要忙而有目标，一定要向着一定的方向努力，否则就容易陷入茫然。

在工作中，能够从事自己最喜欢的事业，那是一种境界，是一种福气。詹姆斯·巴里说："快乐的秘密，不在于做你所爱的事，而在于爱你所做的事。"工作在我们的人生中占据了大部分最美好的时光。比尔·盖茨有句名言："每天早上醒来，一想到所从事的工作和所开发的技术将会给人类生活带来巨大的影响和变化，我就会无比兴奋和激动。"

工作要"爱你所做的"，这并没错，如果自己本来并不喜欢某个职业，那么，工作中就会充满很多无奈，总觉得有点勉强。当然，最好的状态就是因为喜欢所以选择，因为选择了而更加喜欢。

一个人能够从事自己喜欢的事业，这是很幸福的。如果在自己喜欢的职业上取得了成功，就会更加满足。围绕自己的兴趣爱好选择职业，可以让人生少很多遗憾。一个人如果始终没能进入自己喜欢的行业，无论多么成功，他总会有一点淡淡的遗憾。

每一个领域，进入一个阶段以后都会变得枯燥乏味，人们该如何熬过这一阶段？有人靠毅力，有人靠兴趣，而靠兴趣熬过这一阶段肯定要容易得多。因为好奇着前面还有怎样的奇景，因为对某个领域是衷心热爱着的，这样的情感可以帮助你更轻松地克服枯燥的感觉；而如果真的凭毅力或者麻木，那该是多难熬啊！一个人肯定会对自己喜欢且选择了的职业更加投入。

职业规划师认为，三十岁之前，我们每个人都要找到自己真正感兴趣的职业。当然，每一个人的兴趣都是广泛的，你不可能有接触自己所有兴趣的机会，充其量有两三个机会供你选择。找出你衷心热爱着，又在这方面有一技之长的职业，专心地做下去，最终才可能成功。

为此，你需要明白：

1.在选择前，你应该考虑自己的兴趣

为了培养你对工作的热情，首先，在工作前，你应该考虑自己的兴趣。一般情况下，如果你真的不喜欢自己所做的事情，对它缺少积极性，那么这件事就是不值得做的，不管你得到的回报有多高，都是不值得的。

2.选择之后，专注于你的工作

100%精通一个领域，要比对100个领域各精通1%强得多。拥有一种专门技巧的人，要比那种样样不精的多面手更容易成功，全身心地投入工作，它就会带给我们一些真正意义上的收获。

其实，并不是所有行业都是妙趣横生的，无论你做什么工作，你都要忍受其枯燥乏味的部分。在我们选择好职业领域之后，我们就要投入精力，一件工作有趣与否，取决于你的看法，对于工作，我们可以做好，也可以做坏。可以高高兴兴和骄傲地做，也可以愁眉苦脸和厌恶地做。如何去做，这完全在于我们。

3.在工作中寻找成就感

如果你是教师，你可以通过观察每个学生在学习上的进步、心智上的成长来获得乐趣；如果你是个医生，你可以从帮助病人排除病痛中获得快乐。另外，你还应该认识到，在每一份工作中，我们都学到了不同的知识。

洛克定律

# 如何突破职场倦怠期来临

曾经在网络上有个段子被网友广为传播,内容是这样的:

"你最痛苦的事情是什么?"

"加班。"

"比加班更痛苦的事呢?"

"天天加班。"

"比天天加班更痛苦的呢?"

"义务加班。"

为什么这段话能受到网友们的关注?很明显,因为它真切地传达了很多人内心对工作的情绪,如果你也对这种情绪感到似曾相识,那么这表明"倦怠情绪"正在你的身体中蔓延。"被传染者"会无心工作,没有了向心力的团队更如同一盘散沙。因此,企业和个人如何应对、跳出职业倦怠的泥沼至关重要。而对个人来说,此时是否能找到未来在职场的方向和目标,决定了其未来职业生涯能否走得顺畅。

小语是一家传媒公司的员工,在大多数人的眼里,她是一个幸运儿——目前从事的自媒体运营工作,既和自己的专业对口,又与自己的兴趣相投。她已经在这家公司工作了整整七年。

七年来,小语并没有升职,她觉得工作越来越没劲。她无奈地说:"我每天都不想上班,就想着只要不出错就万事大吉了。虽说我也曾为了实现自己的梦想付出了很多,但现在那种职业成就感没有了。"

小语的情况在不少职场人士身上都可以见到,这就是人们通称的"职业倦怠"。那么先为自己做一下诊断,来看看自己是否正在懈怠中吧!

(1)对工作开始缺乏热情,注意力不集中,对上级交代的任务提不起兴趣,工作时间延长,同样的工作需要花费更多的时间。

(2)经常会出现头痛、胃痛、肌肉酸痛等症状。

(3)开始莫名其妙地猜疑一些事情,如怀疑自己生病了,不停地去看医生。

(4)食欲不振,失眠。

(5)在工作中情绪不稳定,对人际关系敏感,遇事容易着急发火。

以上五个症状中，如果你拥有三个以上，就要警惕了，你很可能已经成为一只职场"倦鸟"。

专业人士认为，要消除职场倦怠，前提是制订合理的目标，你只有找到未来的方向，才能产生工作激情和动力。以下是几点建议。

1.科学规划职业生涯

先了解自己的特长、优点，这样你就能寻找到适合自己的工作，并在工作中寻找到成就感和满足感；另外，你的职业前景也会变得明朗、开阔起来。

2.做好时间管理，让工作更有条理

养成列举工作日程表的习惯，然后考虑哪些条目可以完全放弃，哪些可以委托他人或与他人合作完成。尽量使工作时间缩短，工作效率提高，成就感增强。

3.端正自己的心态

你要明白的是，工作并不仅是为了获得每月定时发放的工资，还是一个自我价值与社会价值实现的过程。因此，我们每天都要带着感恩的、阳光的心态去工作。

4.与你的同事、上司搞好关系

在工作中，你与上司、同事的关系如何，直接关系到你在工作中的心情、工作效率等。

**5.多学习，为自己充电，更新自己的知识储备**

这是突破职场倦怠最重要的一环，我们在职场中产生的焦虑来自能力和知识的不足，以及对现状的不满，要改变就要从自我突破开始。事实上，不断充电已经成为现代职场人士的共识，且大部分职场人也在为此努力。

随着就业压力的增大，企业求创新突围，给管理者、员工带来一定的压力，职场倦怠已经成为影响工作效率的头号敌人，懂得如何防治职业倦怠，在当前尤其重要。而从我们自身来说，突破职场倦怠，最重要的是积极调整好自己的心态，并更新与提升自己的知识储备，以迎接新的挑战。

洛克定律

# 坚持每天写工作日志，对今后的工作大有帮助

在日常工作中，我们每天都渴望进步，从而提升自己事业发展的空间。但前提是我们要学会管理自己的工作目标、工作任务以及工作时间。在每天的工作中，即使你完成了当下的很多工作任务，但如果你没有及时把这些工作片段记录下来，数日后或许你就会忘记哪些工作做得不够，还存在问题，哪些工作需要及时改进和提高，哪些重要工作需抓紧落实……如果以工作日志的形式记录下每天的工作事项，清楚自己每天的工作进展情况，就能做到有备无患。同时我们也可以把好的经验运用到今后的工作中，分析工作中的失误及不足之处，找出解决方案，便于下步开展工作。

例如，在今天一天的工作当中，你一共给10个客户打了电话，以了解他们的合作意向。电话打完后，你不妨尝试着记录下这10通电话的沟通情况，很快你就能发现，在和客户沟通的时候，不同的客户会对你的产品或者工作提出不同的问题和疑问。比如，有的客户说价钱贵，有的客户说操作麻烦，控价体

系不完善等，当你第二次再给客户打电话的时候，就可以把客户的所有问题或疑惑都打消，这样就可以为你跟客户顺利合作打下良好的基础。

1.培养了严谨的工作作风

严谨的工作作风是在点滴之间培养起来的。只有把工作中的点点滴滴都做到了、做好了，才能把你的工作做好。怎样才能不遗忘或漏掉这些"点点滴滴"呢？那就要靠良好的工作习惯——工作日志来解决这个问题了。只有在工作当中多记、多想才不会疏漏这些小点滴、小事情。因此，可以说工作日志培养了严谨的工作作风。

2.工作日志梳理了工作条理，增强了思维的逻辑性

在你写工作日志，把记忆中的东西转变成书面文字的过程当中，必定要将已完成的工作在大脑中进行一番整理。工作日志能保证大脑清晰，使工作内容更加透明，梳理工作条理，增强思维的逻辑性，使你更自信、更勤奋、更积极地面对每天繁重的业务和激烈市场竞争的挑战。

因此，管理专家建议，每个职场人士都要养成写工作日志的习惯。

那么，工作日志包括哪几个部分呢？

1. 每天的工作事项

刚开始时，可以简单地记录下每天的工作事项，在记录的过程中你就会发现：我每天只记做完的工作，那么我没做完的工作怎么办呢？我怎么总是完不成工作计划？这会督促你明天一定要完成，帮你树立了坚强的意志。或者你会发现自己轻松地完成了工作的计划，工作当中还有富裕的时间，有精力或能力去做更多的事情，那么你就可以多做些事情呢，这进而开发了你的潜能。

2. 每天遇到的工作问题的记录

俗话说，熟能生巧，只有你和要处理的问题见面的次数多了、熟了，才能找到解决的好办法。对问题处理得好的情况，可以借鉴，今后应用到类似的问题上；对处理得不好的问题，也可以通过记录、分析，找出更好的解决方法，扬长避短。

3. 每天的工作心得

每天坚持写工作日志，你就会发现你的思维清晰了，逻辑性加强了，进而个人的工作心得也增加了。清楚地了解自己的个性定位，对个人今后的发展十分有益。

4. 罗列能预想到的第二天的工作内容

把自己能预想到的第二天应该做的工作和待处理的问题简单列出来，使自己能够在第二天第一时间解决掉这些事情，形成严谨的工作作风，培养自己有计划、有目的工作的习惯和能力。

总之，写工作日志是一个好的工作习惯，向往美好的东西和追求美好的事物是每个人的心愿。那么，对于这样一个对我们的工作有帮助、有意义的好习惯，我们为什么不去积极培养呢？树立正确的理念，对自己写的工作日志充满信心，久而久之，你便能养成这种好习惯了。

洛克定律

## 不断学习，用实力说话

对任何人来说，自从他们踏入职场的那一刻，升职加薪大概都是他们的重要目标。然而，要实现这一目标，你就要用实力说话，而要想拥有实力，你就必须要不断学习。的确，当今社会，随着知识、技能的折旧速度越来越快，不断学习、不断更新知识已经成为职场人士保鲜的一个重要方面，是否能适应激烈的竞争环境并不断完善自己，也已经成为一个职场人士能否担当大任的重要考核因素。因此，作为下属的我们只有不断地学习，才能成为领导眼中的有才之人。要知道，任何领导都欣赏那些愿意学习的人。也就是说，你不必一味地想去和领导搞关系，不要认为"混"得好就能出头。事实上，领导需要的是有工作能力的人，做好你的本职工作，不断完善自己，让所有人对你的工作都有最高的评价，领导就会对你赞赏有加。

小王是某大型企业的一名员工。高考失利后，他失去了继续读大学的机会，十八岁的他就进了现在的这家企业。因为学历的原因，他只能从事最简单的产品装配工作，但他并不甘心。于是，利用上班之余的时间，他拿起了书本，自学了很多与该产品有关的知识。

转眼，小王已经工作五年了。这家企业每五年会举办一个大型的青年知识大奖赛，参加这次比赛的人多半是一些高学历的人，但小王还是报名了。他的参赛作品是关于公司生产部门机器的改造流程图。公司高层一见到这幅图就惊呆了，一个生产流水线上的工人怎么能制作出如此让人惊叹的图呢。于是，他们找来小王，和他就图纸进行了一番讨论，小王的说明让在座的领导们都瞠目结舌。有领导问他："我看你的简历，你只不过是个高中毕业生啊，怎么会……"

"是这样的……"

听完小王的叙述，众领导一致夸赞小王："单位的员工要是都有你这样的学习精神该有多好。"

很快，小王就收到通知，他被提升为技术主管，负责他所提出的这一项目的改造工程。

在这则职场故事中，我们见证了一个普通员工的升职过程。员工小王之所以会被领导赏识，在众人中脱颖而出，就在于他不断学习、不断完善自己的知识结构，充实了原本知识不足的自己。

身处职场，总是有些人会抱怨自己怀才不遇，他们每天抱着得过且过、混日子的工作态度，不但迷失了个人的奋斗目标，而且对公司也会产生负面的影响，他们总是被周围的新人赶上甚至超越，于是，他们落伍了。

可见，从自身发展的角度看，我们的职场命运掌握在自己手里，要想获得领导的认同，就要不断地学习，让领导发现我们的素质与涵养。具体来说，我们需要做到：

1.要敬业

工作中，有三方面的技巧要注意：

（1）要表现出自己对工作的敬业、毅力、恒心。

（2）有效率地工作。努力工作的敬业精神值得提倡，但必须注意效率，注意工作方法，否则就是事倍功半。

（3）会表现，让领导看到你的努力。敬业也要会表达，不必做那种永远的幕后英雄。

2.善于服从

下属服从领导本来就是天经地义的事情。这是个人职业素养的体现，更体现了我们对领导的尊重，以及对单位和企业的认可，而更为重要的是，这是一种敬业精神的体现。

这里的善于服从，指的是：

（1）随时听候领导差遣。

（2）努力完成好领导布置的每一项任务。

（3）主动争取工作机会。要知道，很多领导并不希望通过单纯的发号施令来推动下属开展工作。

（4）主动请缨。当领导交代的任务确实有难度，其他同事畏首畏尾，而自己有一定把握时，应该勇于出来承担，以展示你的胆略、勇气和能力。

（5）工作要有独立性。领导每天要处理很多事务，因此，每个领导都希望自己的下属能为自己排忧解难，帮自己处理一些工作中遇到的难题。下属工作有独立性才能让领导省心，领导才可以委以重任。能适时地提出独立的见解、做事能独当一面、善于把同事和领导忽略的事情承担下来，这是一个好下属必备的素质。

（6）要多多请示。聪明的下属总是善于在关键的地方，恰到好处地向领导请示，征求他的意见和看法。这是下属表现自己虚心请教和学习态度的办法，也是下属做好工作的重要保证。这样既体现了自己对领导的重视，也体现了自己工作时的严谨、细心。

3.多看到自己的不足，而不是别人的缺点

再怎么不济的人也都有自己的优点，再怎么优秀的人也都有自己的缺点。与我们相处的同事和领导都是人，都会存在一些缺点，职场风云变幻，同事相处要"以和为贵"，因此，不要私下或者在公开场合对同事的某些缺点发表言论。另外，我们要以人为镜，多看到自己的不足，这样才能对症下药，进行完善。

4.韬光养晦，低调谦虚

职场相处中，同事在共事中发现你的优点，向你表示钦佩的时候，千万要记得说"谢谢"，然后真诚地告诉你的同事："其实这个没什么，你也可以的。"简单的"谢谢"会让你的同事产生发自内心"真有涵养"的赞叹。

如果我们能做到以上几点，不断学习，不断充实自己，那么，你一定能获得领导的认同，并得到其重用！

## 当你犹豫是否该跳槽时，该如何选择

我们都希望找到最满意的工作，然而，要寻觅一份理想的工作并非易事。于是，越来越多的年轻人尝试根据洛克定律来制订自己的职业目标——先就业后择业，他们求职择业，不再像过去一样追求一步到位，而是寄希望于积累工作经验以后，等自我价值得到较大的提升后，再找一份理想的工作。跳槽并没有错，但一味地跳槽却并非明智之举。事实上，频繁跳槽将是你简历上的败笔，你找工作会更难，用人单位也会考虑到你的信用问题。

跳槽已经成为职场上一种常见的现象。注意一下你的周围，是不是经常有离职的同事，或者刚进入格子间的新人？无数过来人都会对我们千叮咛万嘱咐，不要盲目地跳槽，也不要频繁地跳槽，这会使你的信誉大打折扣，搞不好还会使你的职场之路变得坎坷。这个道理，恐怕每个职场人士都知道。但即使如此，工作中也难免会出现一些让我们不得不跳槽的情况，跳槽没有错，但我们要学会为自己寻找跳槽的时机，切不可心血来潮。

那么，我们到底该如何跳槽呢？

1.打听内部消息，找到空缺职位

就公司雇用程序看，除非是员工流失率非常高的公司，一般大规模招聘机会很少。公司出现岗位短缺，内部人员是最早得知信息的。而这时，招聘也主要依靠内部员工介绍，所以，如果你有了目标公司，不如看看有没有人可以内推，那样跳槽的成功率要高很多，竞争力也会更强。

2.先了解新公司

对新公司的了解非常重要。求职前，要先了解一下公司的情况：总公司所在地、规模、架构、背景、经营模式、目前的发展状况、未来的发展规划等。如无法得到书面资料，可以设法从该公司其他员工或其同行口中获得信息。包括业绩表现、活动规模，以及今后预定拓展的业务等。

另外，也应了解应聘企业的企业文化，从而判断企业的环境是否公平，也可以判断出如果入职该企业，上升通道中是否有受限因素。避免因为急于找到工作而上当受骗。进入某个公司后也不要盲目欢喜，要谨慎地观察、思考，判断自己对公司的选择是否正确。

**3.拿到自己的报酬后再跳槽**

聪明的职场人士不会意气用事,他们不会在本月工资未拿到之前就卷铺盖走人。而如果你的薪水是绩效形式的,与工作业绩有关,如销售行业,那么你更应该慎重,毕竟你辛苦了这么长时间。而且,如果你打算继续从事老本行,那么,你以前的业绩直接关系到你在市场、行业内的身价。

**4.学会"骑驴找马"**

可能你最担心的是关于跳槽风险的问题,其实,最保险的方法是先不要急着辞职,先干好本职工作,同时关注机会,一旦有了跳槽的可能,就迅速抓住机遇。现在很多职场人士都明白,没有和新东家谈好之前,不应露出任何的蛛丝马迹。

总之,跳槽、转行的时间选择很有学问,任何一个职场人士,都要仔细研究自己所在行业、职位的跳槽、转行时间。选择出适合、适当的时间,这样才能抓住机遇,为提升自己创造良好的契机,达到跳槽、转行的预期效果。

# 第六章

洛克定律与习惯养成：好习惯是最佳的行为指导

成功者之所以成功，是因为他们养成了一些好的习惯，比如，坚持学习和读书、勤奋、慎思、坚韧不拔等。要实现自己的目标，我们要立足当下、坚持下去。只要坚持下去，一旦养成成功者必备的习惯，成功也就指日可待了。

第六章 洛克定律与习惯养成：好习惯是最佳的行为指导

## 坚持均衡饮食，保持强健体魄

人们常说"人是铁饭是钢""民以食为天"，我们每个人都需要吃饭，以维持正常的生理需要。然而，如果我们不加节制地饮食，那么，我们的身体健康就可能受损。的确，就是有这样一些人，他们似乎无法控制自己，暴饮暴食，不加节制地大鱼大肉，这会造成体形肥胖，影响身体健康。

健康饮食的重要性已经被人们公认，吃得健康，身体才会健康。当然，养成好的饮食习惯是一个长期目标，要养成这一习惯，我们也要认识到洛克定律在达成这一目标过程中的作用，也就是健康的饮食习惯并不是一蹴而就的，需要我们不断提升自制力，并懂得把自己的行为和最终结果联系在一起，这样我们才能真正获得健康的身体。

玲玲今年刚大学毕业，和很多毕业生一样，她也投入了找工作的大潮中，但令她沮丧的是，因为太胖，很多用人单位都拒绝了她。看到现在的状况，玲玲后悔不已。

其实，一年前的玲玲还是个身材苗条的女孩，但失恋对她的打击实在太大了，她不知道该如何排遣。一个朋友告诉她，吃东西能让人的心情好起来，于是，她开始疯狂地吃，她发现这个方法似乎真的有效，失恋期过了，她却变成了胖子。更糟糕的是，她居然开始迷恋美食，以前逛街，她最大的爱好是买衣服，现在则是先打听哪里有好吃的。

大学的最后一年，她整整胖了四十斤，曾经那些瘦小的衣服再也穿不下了，周围也没有追求自己的男生了。她逐渐变得自卑起来，走在马路上，她总能感觉到周围人奇异的目光，而如今，找工作四处碰壁让她更加难受。

玲玲突然意识到，是该控制一下自己的饮食了……

从玲玲的故事中，我们看到了一个无节制饮食者的苦恼。事实上，过度饮食是很多人无法克服的困难。无节制饮食除了会引发一些身体健康问题，比如肥胖，还有其他许多方面的影响。在某一段时间内，你的身体需要进行高负荷运转，就会出现乏力、焦躁等一系列的生理反应。另外，我们的自我形象还会变差，自信心、毅力等也会受到影响。无节制饮食很容易成为一个习惯，而且很难改掉。

然而，养成良好的饮食习惯需要高度的自制力，那么，做积极的动机建设能帮你逐渐获得这一自制力。

可能很多身体肥胖的人在饮食上都有这样一个感受：他们有一些被禁止食用的食物。但他们偶尔会心痒，就会主动去尝试一下，认为只吃一口没什么事。但他们没有料到的是，他们根本没有毅力控制自己不去吃第二口，而且吃了一种被禁止食用的食物就会想吃第二种。等意识到问题的时候，他们发现自己在半个小时内，已经吃掉了相当于一个月被禁止食用食物的量。

其实，导致无节制饮食的关键是没有始终把自己的行为和最终目标联系在一起。你要问自己，吃东西的目的是什么，吃完是否达到目的了？如果你能得出正确的答案，你也就能做出明智之举。

事实上，一些人也找到了许多能够应对无节制饮食的方法。对某些在饮食控制这一问题上意志力较差的人来说，最好的方法就是做内在动机建设。暗示自己如果控制自己的饮食，体重将会减轻，自己会迎来更轻盈的生活，那么就会产生改变现状的动力。

简单地说，你可以建立一个习惯，一旦你想吃东西的时候，就躺下来做一些自我引导，然后想想你达到理想体重时将会是什么样子，那时候的你应该是身材苗条的、有活力的、健康的、身轻如燕的。只要你能减肥成功，就能好好地利用自己的天赋和才能，你可以背上行囊去游历祖国的大好河山而不会累得气喘吁吁。

如果你发现那些甜点和高脂肪食品正在向你招手，那么，你要做积极的想象，你不要想你有可能禁不住这些食物的引诱，而应该想想避开这种诱惑的方法。

你可以想象的是，此时的你身体健康、肠胃健康，你坐直了身体，然后微笑着对这些食品说："不用了，谢谢。我已经吃饱了。"

你还应该想的是，一个连自己体重都控制不了的人，还能做什么大事呢？如果你能减肥成功，你希望你的生活做出哪些调整呢？你希望实现怎样的事业？你又将会对其他的人和周围的世界作出怎样的贡献？试着把自己的这些想法写下来，即使它可能只有短短的一段话。把自己的想象变成文字可能会有助于你继续努力前进。想象成功往往是实现成功的第一步！

任何致力于帮助他人减肥的治疗师都会给出一点建议：饮食无节制的人要寻找精神力量。肥胖确实会为现代社会爱美和爱面子的人带来一定的烦恼，但你不应该因此丧失辨别能力，你也不应该把所有的精力放到所谓的减肥和节食上。如果你能抽出身来，将自己投入大自然中，那么，你会忘却美食的诱惑，感到前所未有的轻松。

你不必要总是沉浸在饮食和运动中，也不要关注那些最新的时尚美食信息，不要让这些事情消耗掉你的注意力和时间。每天早上起来，你都要告诉自己："今天我要认真、健康地过，要对自己负责。"闲暇时，不要总是约朋友去聚餐，你可以多读书，可以去看话剧，可以到大自然中享受一年中每个季节的不同景色。

## 坚持体育运动，并养成习惯

我们都知道，生命在于运动，早在两千多年以前，医学之父希波克拉底就讲过："阳光、空气、水和运动，这是生命和健康的源泉。"长期坚持适量的运动，可以使人精神焕发。

美国运动医学院的研究表明，正确的运动可帮你持久保持健康活力和苗条体态。生活中，不少人因为忙于工作和生活，无暇锻炼而导致了抵抗力差、免疫力不足、身体出现亚健康状态等问题。而实际上，体育锻炼对于改善神经系统的调节机能，以及提高工作效率，都起着积极作用。

经常进行体育锻炼的人，大脑的兴奋性、灵活性都会得到提高。灵活性提高了，反应也就更快了，使人更加机灵、敏捷，使学习和工作都处于最佳状态，并能保持较长时间的注意力。经常进行体育锻炼的人，在自然环境中忍受寒冷和炎热刺激的能力更强，对环境变化的适应能力和对疾病的抵抗能力更高。

另外，当你心烦意乱、心情压抑时，适度运动能为你带来好心情。虽然运动对于调节心情有帮助，但是我们不能忽略洛克定律的存在。你应该把握适当的度，否则会对身体造成损害。并且，你要选择自己喜欢的运动，这样才能有恒心持久地练下去。

因此，从我们自身来说，要经常进行体育运动，并养成习惯。规律地运动，不但可以消除疲劳，还能避免各种疾病。

那么，具体来说，我们该如何逐步养成运动的习惯呢？我们可以将这一习惯的最终形成当成一个长远目标，要实现这一目标，我们可以根据洛克定律的指导，通过一步步达成小目标来完成，以下是几点建议。

1.不断学习，了解各种运动的好处

在平时的生活中，你可以多了解一些运动的好处，激发对运动的兴趣。

体育运动项目丰富多彩，各种活动对个人的影响也不尽相同。例如，足球这项运动讲究的是团体合作，如果你缺乏这种意识，可以多参加足球运动，这样不仅锻炼了身体，也完善了性格。

2.选择合适自己的运动方式

运动分为有氧运动和无氧运动两种，无氧运动一般都是短时间、高强度的，缺乏专业指导容易伤到自己。最好还是进行有氧运动，有氧运动对人不但有锻炼身体的效果，还能调节情绪。

常见的有氧运动项目有：步行、快走、慢跑、滑冰、游泳、骑自行车、打太极拳、跳健身舞、跳绳、做韵律操等。有氧运动的特点是强度低、有节奏、不中断和持续时间长。同举重、短跑、跳高、跳远、投掷等具有爆发性的非有氧运动相比，有氧运动是持续5分钟以上还有余力的运动。当然，无论做什么运动，你都要做到坚持，而不能三分钟热度。长时间坚持下来，你会发现，自己不仅拥有了健康的体魄，心理压力也降低了，重新获得了学习、工作的能量。

3.充分利用社区的体育器械

一般来说，每个小区都配备了一套基本的用于锻炼身体的体育器材，你可以在学习工作之余来锻炼身体，这是最便捷的运动方式。

4.周末多安排运动来休息

双休日时，不要用大把的时间睡懒觉、逛街、看电视，应该有计划地进行爬山、郊游等活动。你可以主动邀请朋友一起参加，这样，不仅增加了阅历，还锻炼了身体。

5.参加一些体育项目训练班

如果你对某些体育项目感兴趣，例如，受武打片的影响，你可能喜欢武术、跆拳道；受体育比赛的影响，喜欢游泳、射击等活动。那么，你可以努力发展这些爱好、参加培训班，在兴趣中达到强身增智的效果。

当然，根据洛克定律，我们也必须要注意，运动不能超越身体极限。在你进行剧烈运动之前，要了解自身体能，运动的时候把握住度，不能超过身体的极限，以免发生危险。

## 只需21天，你就能获得全新的改变

俗话说，"习惯形成性格，性格决定命运"。好习惯是后天培养出来的，坏习惯也是可以改变的，每一个人都应该以敏锐的洞察力来审视自己的习惯。去掉了那些瑕疵，你的命运也会如美玉般透亮。那么，该怎样培养好习惯、改正坏习惯呢？

有专家说："养成习惯的过程虽然是痛苦的，但一个好习惯将是我们终生的财富。因此，暂时的痛苦又算得了什么？一个习惯的培养平均需要21天，只要我们认真去做，就等于我们吃了21天的苦，却得到了一辈子的甜，这是一个很值得和很高效的事情。此外，任何一个习惯一旦养成，它就是自动化的，如果你不去做反而会感觉很难受，只有做了才会感觉很舒服。"因此，关于好习惯的培养，我们不妨根据洛克定律，给自己量身制订一个计划，然后用日程本记下自己执行计划的过程。那么，21天后，你将养成好习惯，改变自己的意识和行为，为你带来超乎想象的成功，你又何乐而不为呢？

## 第六章 洛克定律与习惯养成：好习惯是最佳的行为指导

哲学家苏格拉底门下学生众多，他常带这些学生走访名山大川、四处游学，几年下来，学生们积累了不少知识，甚至有些学生成为受人敬仰的学者。为此，不少学生认为自己已经"学有所成"，可以顺利"毕业"了。

一天，苏格拉底将这些学生带到一片旷野上，嘱咐大家围坐在一起，然后对他们说："现在，你们已经个个都是饱学之士了，你们也马上可以从我这儿毕业了，但我想最后问你们一个问题。"毕业前老师问的问题对学生来说当然是至关重要的，所以学生们都屏气凝神，想听听老师现在的教诲。

"我们现在坐着的是什么地方？"苏格拉底问他们。

学生们回答道："旷野。"

苏格拉底又问："这里长了什么？"

学生们回答说："草。"

苏格拉底说："是的，大家的回答都是正确的，这里确实长满了草。那么，接下来，我的问题是，你们要用什么样的方法，才能将这些杂草清除掉呢？"

听到这个问题后，大家有点纳闷，一向严谨的老师，怎么会问这样简单的问题？拔草明明是农民才应该需要思考的问题。尽管学生们感到很诧异，但大家还是一一作答。

"这个问题太简单了，用手拔掉就行了吧。"一名学生首先回答。

另一个学生答道:"用镰刀割掉,会省力点。"

第三个学生回答得更为干脆:"用火烧更彻底。"

苏格拉底站了起来,很严肃地说,说:"那好,同学们,现在你们就按照自己的方法,划定一片区域,将各自区域的杂草清除掉,明年,我们再来看看自己的战果,看看谁的方法更有效。"

一年时间很快就到了,大家聚集在一起,来到这片曾经长满杂草的地方。令他们高兴的是,这里不再杂草丛生,但依然有很多参差不齐的杂草在风中摇摆。

然后,苏格拉底带领他们来到另外一块地方,这里不是学生们曾经划定的除草范围,这里没有杂草,而是一片绿油油、茂盛的麦苗。学生们凑近一看,看到了一块木牌,那是苏格拉底的笔迹,上面写着:"要想除掉旷野里的杂草,方法只有一种,那就是种上庄稼。"

学生们恍然大悟。

用麦苗根除杂草是一种智慧。我们在培养习惯时,是否可从苏格拉底那里领悟借鉴呢?好习惯多了,坏习惯自然就少了。

那么，阻碍我们成功的恶习有哪些呢？

1.自制力不足

自制力的形成不是一蹴而就的，请记住，循序渐进有利于培养自己的自信心，并且不会给自己造成过大的心理压力，从而能轻松地锻炼自制力。

2.准备工作不到位

一些人在尝试中失败了，并不是因为他们缺乏勇气，而是因为准备不足。因此，从现在起，无论你对自己的评估如何，都不要掉以轻心。

3.三分钟热度

有时，你也想努力做一件事，如钻研某件乐器、提高学习成绩等，但往往最终不能成功的原因是你的中途退缩。如果你不能尽早克服这一坏习惯，那么，它会影响到你的一生。

4.重复错误

成功者之所以成功，并不是因为他们杜绝了所有的错误，而是因为他们能从错误中吸取教训，不断改正错误；而同样，失败者之所以失败，是因为他们常常重复错误。的确，很多时候，从错误中学到的东西常比成功教给我们的更多，犯了错却不吸取教训，白白放弃如此宝贵的受教育机会实在可惜。

洛克定律

# 短小的目标更容易达成

古人云:"凡事预则立,不预则废。"大到国家,小到个人,做事都必须要有计划性,只有做到缜密行事、步步为营,才能让成功多一分胜算。同样,我们若想养成一个良好的习惯或者改掉一个恶习,也要做好计划。也就是说,制订计划的时候,我们应当先设定一个小的目标,当我们完成了这一阶段的目标后,才有信心继续向更高阶段的目标挑战。我们先来看下面一个减肥成功者是怎么养成运动习惯的。

"我曾经是个两百斤的胖子,肥胖带来的苦恼实在太多了。我常常买不到合适号码的衣服,我上公交车,大家都用异样的目光看着我。而让我印象最深的一件事是,有一次我得了阑尾炎,疼得厉害,爸妈打了急救电话,来了几个年轻的女护士,她们要把我抬上救护车,但我太胖了,女护士们根本抬不动,我躺在担架上,被折腾了好久……

发生这件事以后,我告诉自己,无论如何,一定要减肥,这样胖下去实在太苦恼了。我也明白，对一个两百斤的大胖子来说，立即减成一个苗条的人并不大可能，于是，我给自己制订了一个运动减肥的计划。在第一个月的每天，我运动一个小时，每天不吃零食；第二个月，每天运动一个半小时……

刚开始的几天，我觉得每天锻炼一个小时都很吃力，因为我以前是个连走路都会大喘气的人，不过我还是坚持下来了。第一个月结束的时候，我去称了下体重，我居然减了十多斤，这实在太神奇了。就这样，我继续完成了接下来两个月的锻炼计划，现在我身上的肥肉都已经不见了，而且最重要的是，我已经养成了锻炼身体的习惯。"

其实，和锻炼身体一样，养成任何一个好习惯、戒除任何一个坏习惯，都不能急于求成。我们可以先为自己定一个可以轻易实现的目标，目标的实现能增强我们的自信心，帮助我们成功克服更大的难题。

具体来说，我们需要做到以下几点。

1.目标要具体且可操作

你要树立的目标绝不能是模糊和抽象的。比如，你不应以"我要变得勤奋起来"为目标，而应该细化到具体的时间和事务。比如，你可以说，我要在3月1日之前写完手头的小说。

### 2.目标要务实

模糊的目标会让你缺乏动力,应该从小事开始养成好习惯,而不要异想天开、过于理想化,可以选择一个具体可实现的目标。比如,你不能告诉自己"我决不再拖拖拉拉",而应该把目标具体为"我会每天花一个小时时间学习数学"。

### 3.分解你的目标,让它实现起来更容易

每一个小目标都要比大目标容易达成,小目标可以累积成大目标。你不应该告诉自己"我打算写份报告",而是"我今晚将花半小时设计表格;明天我将花另外半小时把数据填进去;再接下来的一天,我将根据那些数据,花一个小时把报告写出来"。

### 4.迈出第一步

任何事情,你只有迈出第一步才有实现的可能,记住,千里之行始于足下。不要指望一口吃成一个胖子、一步登天。

### 5.精确任务时间

在着手前,你就要问自己这件事要花费你多少时间,你能抽出多少时间去做这件事,而不是模糊地认为,明天或者后天你有时间去做这件事。为此,你最好做个日程表,看看自己具体在什么时间可以去做。

**6.利用接下来的15分钟**

通常情况下，任何事情都可以忍受15分钟。你可以通过一次又一次的15分钟才能做完一件事情。因此，你在15分钟时间内所做的事情是相当有意义的。不是"我只有15分钟时间了，何必费力去做呢？"而是"在接下来的15分钟时间内，这件事的哪个部分我可以着手去做呢？"

**7.要认识到困难在所难免**

当你遭遇到第一个（或者第二个、第三个）困难时，不要放弃。困难只不过是一个需要你去解决的问题，它不是你个人价值或能力的反映。不是"教授不在办公室，所以我没办法写论文了，我想去看场电影"。而是"虽然教授不在，但是我可以在他回来之前先列出论文提纲"。

**8.分派任务，节约时间和精力**

你可以反问自己"除了我还有没有其他人也能完成这件事？我真的有必要去做吗？"你要记住，没有人可以什么事情都做，你也是。所以，在适当的时间，你可以寻找一个代替你做事的人。

**9.保护你的时间**

每个人都要学会怎样说"不"，不要去做额外的或者不必要的事情。为了处理重要的事务，你可以决定对"急迫"的事情置之不理。不是"我必须对任何需要我的人有求必应"。而是"在工作的时候，我没必要接听电话；我会收到留言，然后在我做完事情后再回电话"。

10.绝不给自己找拖延的借口

不要习惯性地利用借口来拖延，而要将它看作再做15分钟的一个信号。不是"我累了，或者是我饿了、困了、很烦躁等，我以后再做"。而是"我累了，所以我将只花15分钟写报告，接下来我会小睡片刻"。

11.奖励你的点滴进步

如果你实现了初步的计划，那么，你就应该奖赏自己。比如，你可以给自己买个小礼物，当然，你更应该关注自己的努力，而不是结果。

第六章 洛克定律与习惯养成：好习惯是最佳的行为指导

# 从早晨就开始规划

珍妮原本是一位幸福的家庭主妇，她有三个可爱的孩子和一个积极上进的丈夫，但接二连三的灾祸，让她相继失去了丈夫和孩子。在这些事情发生后的几年里，她根本无法入睡，即使睡着了，也会从噩梦中醒来。另外，珍妮患有严重的风湿病，发作时特别痛苦。为了重新探索自己的信仰与生命目标，她陷入了痛苦的挣扎。

一次，她的友人来看她，看到她骨瘦如柴，感到很心疼，便建议她重拾读书时代的爱好——写作。她在友人的建议下开始写一些东西，以宣泄自己内心的痛苦。开始的时候，珍妮对朋友的建议持质疑的态度，毕竟这对她来说是一件极为不寻常的事。不过，她最终还是采纳了朋友的建议，开始练习写作。

后来，她每天早上都不急着起床，而是拿出纸笔，将前一天晚上做的噩梦记录下来，当她写完以后，她这一天的心情就好多了。随着练习的时间越来越长，珍妮进步得很快，渐渐地打开了自己,迎接写作灵感的丰富。与此同时,她还在奋斗与挣扎中寻到了爱、信心和勇气。

终于有一天,珍妮发现自己已经爱上了写作,曾经那些所谓的痛苦也已经不再缠绕自己了,她的写作功底也得到了他人的认同。她的内心日益充实丰盈,充满了爱、勇敢和力量。通过自己的笔端,珍妮把自己的所得毫无保留地传递给别人。

生活中,我们每个人都有一些习惯,有好的,也有坏的。但无论是养成好习惯,还是改掉坏习惯,都需要我们付出自己的意志力,我们只有不断告诫自己坚持到底,才能真正将习惯变成无意识的行为。人们常说,一日之计在于晨,早上的行为与观念决定了我们一天的观念和行为,如果你早晨刚睁开眼,就已经决定了今天要为养成自己的好习惯付出努力,那么,这一天内,你的行为可能就是在正轨上的。而反过来,假如你在早上就十分消极,那么,你可能会懈怠、放纵。正所谓"量变引起质变",今天你的行为如何,直接关系到习惯的形成。

因此,我们可以说,习惯的形成,关键在于你自己的观念。从早晨醒来的第一刻开始,多督促自己,你就会看到成效。具体来说,你可以做到以下几点。

1.起床要迅速

赖床是一种拖延行为,你的确可以多睡半个小时,但你接下来一整天的生活节奏都可能会被打乱。因此,无论你想纠正什么坏习惯,或者养成什么好习惯,都要从一个好的起床习惯开始。

2.吃一顿营养丰富的早餐

现代社会,很多人因为忙碌而不吃早餐,或者只是草草吃个早餐。实际上,营养的早餐才是最重要的,无论你接下来有什么工作和学习计划,没有充足的体力,都会影响到做事的效果。如果你觉得时间不够,那么,你不妨早起一点。

3.做好一天的规划

你需要多培养时间观念,合理地安排时间,并且制订计划,有目的地去学习和工作。

总之,所有事物发生改变的前提都是要进行量的积累。好习惯的产生需要我们不断地进行自我优化,不断地改正缺陷,通过一段时间的坚持达成质变。重视起床时的关键时间,能强化我们的自制意识,帮助我们坚持完成任务。

洛克定律

## 从学习中感受乐趣，并每天坚持

一个人要想走向成功，就必须坚持学习，而且要找到正确的方法，做到善于学习。对现代社会中的每个人而言，学习都已经成为终身的命题。

的确，在知识经济的时代里，即使你有资金，但如果缺乏知识，没有最新的信息，那么无论你身处何种行业，失败的可能性都会很大；但是你有知识，即使没有资金，有时小小的付出也能够有回报，并且很有可能达到成功。现在跟数十年前相比，知识和资金在通往成功的道路上所起的作用完全不同。

我们正处于信息大爆炸的时代，知识更新的速度也非常快。因此，大学中所学的知识已经不足以应对工作了。如今的大多数年轻人一旦从大学校园里走出来，就必须马上学习，从而不断充实和更新自己的知识储备。

然而，现实生活中，偏偏有很多年轻人无法意识到学习的重要性。他们之所以认为学习很痛苦，其中一个原因就是他们从来不把学习当作乐趣，而是把学习当作一种负担。有的人说起学习来头头是道，但自己从来没有做出实际行动。他们不学习的原因并不是"学习枯燥乏味""太忙没时间"，而是他们没有养成良好的学习习惯。

我们要养成学习的习惯，就不能忽略洛克定律的作用。洛克定律告诉我们，实现目标的关键不只在于制订目标，更在于行动。同样，我们也要真正把学习当成一种责任、一种追求。

当然，让学习成为一种习惯，并不是一蹴而就的，而是一个长期的过程。在这个过程中，我们需要将自己的坏习惯改变成有助于学习的好习惯。不要沉迷玩乐，也不要沉浸在觥筹交错的应酬中。任何一种习惯都有强大的惯性，好习惯是这样，坏习惯更是如此。一个人的时间和精力有限，如果你想让学习成为一种习惯，那么，就要改掉自己的坏习惯。

因此，我们需要记住以下几点。

1.要有危机意识，及时学习

终身学习，是飞速发展的时代向我们提出的要求。21世纪是知识经济的世纪，高新技术带动生产力突飞猛进，不断地改变着我们的生存环境和生存方式，这更需要我们不断提高对新知识、新科技的掌握能力，以及对新环境、新变化的应对能力。假如我们仅满足于在学校学得的知识，不注意及时"充电"，就很容易落后于人。

2.学习要脚踏实地

做任何事情都必须要具备勤奋的态度,学习也是一样。真正的成功是一个过程,是将勤奋和努力融入每天的生活中,融入每天的工作中。

3.要找到适合自己的学习方法

你可以根据自己的性格特点,找到一条自己的路。比如,在看书方面,每个人每天都有自己兴奋点比较高的一段时间,你在这段时间可以看一些自己并不是很感兴趣的书籍,而在心情比较低落的时候看一些自己喜欢的书,调节一下。

当然,学习是枯燥乏味的,我们有极大的毅力才能坚持下去。但是细心的人会发现,只要我们坚持学习,总会得到意外的收获和惊喜,也会得到命运的慷慨馈赠。

# 第七章

洛克定律与心态调整:掌控欲望,追求合理的目标

一旦我们的内心被欲望占据，目标就会脱离实际而无法实现，继而让我们身心受创。其实，当生活越简单时，生命反而越丰富，少了欲望的牵绊，我们才能够从世俗名利的深渊中脱身，感受内心深处的宽广和明净。

## 诱惑是实现人生目标的大敌

古往今来，凡是成功人士，往往具有自律这一共性特质。他们知道，要实现人生梦想，就必须要尽早地制订合理的目标。并且，他们明白，要实现目标，就必须要始终保持一颗忠诚的心，只有这样，在千奇百怪的诱惑面前才能坚持原则，不被诱惑打倒，最终达成所愿。因此，我们可以说，诱惑是实现人生目标的大敌。

诱惑之所以如此吸引人，在于它本身就是带刺的玫瑰，表面上看着美丽，实际上却是不折不扣的陷阱。在通往成功的路上，我们会遭遇不同的诱惑陷阱。只要我们能够忍耐欲望的吞噬，按捺住内心的悸动，最后的胜利就是属于我们的。

在村子里住着一个60岁的老绅士，他十分富有，虽性格古怪，但他的慷慨和仁爱是无人能及的。绅士的年纪越来越大了，他希望能找一个男孩服侍自己的起居，帮他做一些事情。尽管他对孩子们的世界很感兴趣，但他非常讨厌孩子们的好奇心,他常常说:"向抽屉里偷看的孩子会试图从里面取点儿东西,而小时候偷窃过一分钱的人,长大后总有一天会偷窃一枚金币。"

村里的孩子们得知老绅士招佣人的消息,都想得到这个职位。很快,老绅士就收到了二十多封求职信,他决定找一位能抵抗诱惑的孩子。一天早上,三位穿着整洁的少年出现在老绅士的客厅。

查尔斯首先来到老绅士准备好的房间,老绅士请他在这里等一等。于是,查尔斯就在门旁的一把椅子上坐下。刚开始的时候,他非常安静,只是向四周看看,他发现房间里有许多非常稀罕的东西。过了一会儿,他终于站了起来,东瞧瞧,西看看。桌子上放着一个罩子,查尔斯很想知道下面是什么,他掀起了罩子,发现下面是一堆非常轻的羽毛,有些羽毛飞了起来。查尔斯十分害怕,匆匆将罩子放下,但更多的羽毛飞了起来,查尔斯试图抓住那些羽毛,但都没成功。最后,查尔斯被老绅士打发走了。

接下来是亨利,他看到一盘诱人的、熟透了的樱桃。他很喜欢吃樱桃,心想:这里有这么多樱桃,就是吃掉一个,也不会被人发现。于是,他鼓起了勇气,小心翼翼地站了起来,拿起一个特别红的樱桃放进嘴里。他想,或许再吃一个也没关系，他真的又拿起了一个。其实，老绅士在盘子里放了几个貌似樱桃的辣椒，不幸的是，亨利拿到了一个辣椒，放进嘴巴以后，他的喉咙像着了火一样。结果，他也被老绅士打发走了。

最后进入房间的是哈利，他独自在房间里坐着，周围的任何东西都没能引诱他离开座位。半小时后，他被许可为老绅士服务。就这样，哈利一直服侍老绅士，直到老绅士离开人世。老绅士临死之前，将所有的财产都送给了哈利。

生活中的我们就像是故事中查尔斯和亨利一样，总是抵抗不住内心欲望的诱惑，想伸手拿不属于自己的东西。结果，不是慌乱得不知道如何处理情况，就是被诱惑刺痛。

东汉的杨震在担任荆州刺史后便调任东莱太守，他在去东莱上任的时候途经昌邑。昌邑县令王密是杨震在荆州刺史任内荐举的官员，打听到杨震前来的消息，晚上便带了十斤黄金来悄悄拜访他。

王密送这样的重礼，一是对杨震过去的举荐表示感激，二是想通过贿赂，请这位老上司以后再多加关照。他这些小心思杨震一清二楚，所以他婉言谢绝了，说："故人知君，君不知故人，何也？"王密以为杨震假装客气，便说："暮夜无知者。"这句话的意思是,夜间谁能知晓呢?

杨震听了立即生气了,说道:"天知、地知、你知、我知,怎说无知?"王密非常羞愧,只得带着礼物,狼狈而回。

在东汉历史上,杨震是一个颇得称赞的清官。正是他抵御住了诱惑,才得以在史册上保留清名。试想,如果杨震抵御不了诱惑,拿了王密所赠送的十斤黄金,那估计他在史册上将绝无清廉的名声。

欲望是会上瘾的,当你一次满足了之后,就会不断地想要更多。欲望根本就是一个无法填满的无底洞,于是,你越来越难以抵御外面世界的诱惑。最后,人会被欲望所控制,甚至成为欲望的奴隶,并最终被那些诱惑所吞噬。所以,我们应该记住:想成大事,必须先克制内心的欲望,学会抵御外面世界的种种诱惑。

古人云:"壁立千仞,无欲则刚。"在诱惑面前,我们只有做到"无欲",做到心理平衡,才能抵挡得住诱惑。具体来说,我们应做到以下几点。

1.对诱惑有清醒的认识,且认识到它的危害

在纷繁复杂的诱惑面前,必须有十足的定力,要认清诱惑背后的危险。在迷茫的时候,你可以反问自己:"如果我

做了这件事，会有什么后果？""它是不是真的能带来成功呢？""为此，我会失去什么？"多问自己几次，你就能权衡出利弊得失了。

2.坚定信念

信念能给人以强大的精神支撑，是我们的力量来源，也能保护我们的心不被诱惑攻击。因此，在遭遇诱惑而不知如何处理时，你可以让信念指引你。

3.做到专注于本职工作，与慎微并行

抵制诱惑是一场意志和信念的较量。这需要你掌握一种有力的心智盾牌——专注，唯有专注才能抵御诱惑。俗话说："勿以善小而不为，勿以恶小而为之。"如果小事不注意，小节不检点，久而久之，必然会出大格。

总之，成大事者，要忍耐来自社会的各种诱惑。因为这些诱惑的背后定然是陷阱，如果忍耐不住心中的欲望，一不小心深陷此地，那你定会后悔终生。在诱惑层出不穷的今天，我们更需要抵御诱惑，学会忍耐内心欲望的折磨，这样才能成大事。

## 奋斗的意义在于享受生活，而不是折腾生活

人们对生活都有着美好的憧憬，我们会为自己制订各种各样的目标。比如，年轻时，我们总是想着等到老了以后，得到了许多物质的满足，再去好好享受；当我们有了孩子的时候，总是惦记着让子女先好好享受。至于自己到底需不需要享受，自己什么时候享受，却从不去认真考虑。所以，很多人觉得自己很累。

生活中，那些工作狂为什么那么拼命地工作呢？他们最主要的目的就是挣钱，而挣钱为了什么呢？难道仅是为了让自己的生活更物质丰富一些吗？在物欲横流的今天，越来越多的人物质充足，但精神却很贫瘠，心灵无法得到休息。这主要是因为他们模糊了一个概念，挣钱的意义在于享受生活，而不是折腾生活，前者才是人们应该树立的目标。的确，根据洛克定律，我们知道，真正有意义的目标是有现实意义且触手可及的，我们与其总是为物质生活疲于奔命，不如适时放慢节奏、享受当下的生活。

享受生活归根结底是一种心境。享受的关键在于寻找快乐的人生，而快乐并不在于一个人拥有多少、获得多少、生活质量如何，而是在于其怎样看待周围的人和事情，怎样让自己有一颗接纳一切快乐事物的心。

对我们大部分人而言，与其成为工作狂，还不如做回自己，静心地享受生活。

1.做好自己，不该想的不要多虑

要想活得快乐、轻松，就不要把太多的时间放在那些没有意义的事情上。你想得多了，心就累了，又谈何享受生活呢？

2.有问题要及时解决

我们要学会享受生活。要想做到这点，很重要的一个环节就是在遇到问题时，能够及时地去解决问题。比如，有的夫妻在生气之后会互相不理睬，时间久了会让误会加深，问题更加严重。所以，真正懂得享受生活的人会在问题出现后与自己的伴侣沟通，这样做不仅能够一同找到解决问题的办法，而且在一定程度上能够促进彼此的感情，这样的过程也是享受生活的过程。

生活中，享受生活是人生的特殊体验，在越来越喧嚣的尘世中，我们逐渐背离了享受生活的本质。在拼命工作的过程中，我们变得越来越提得起、放不下，为享受而享受，把挣钱、占有当作是享受的最终目的。这样一来，生活中感受到的是苦多乐少。

激情和梦想是上天赐予我们的礼物，为自己热爱的事业而努力更不会是一种错误。但是，我们的休息也很重要，在忙碌的工作时间以外，我们应该更多地享受生活，享受独处的静谧时光，享受身心放松的幸福日子，这样我们才能收获更多来自心灵深处的快乐。

其实，享受生活是一种感知。我们在忙碌之余，静下来品味春华秋实、云卷云舒，一缕阳光、一江春水、一语问候、一叶秋意，都是生活里醉人的点点滴滴。

## 无止境地追求，真的快乐吗

人们常说"欲望无止境"。的确，尤其对物质欲望、富贵荣耀、名利的追求，更是无穷无尽。但是我们必须要认识到洛克定律的存在，合理的目标才能产生积极的意义，如果你被无穷尽的欲望控制，很可能会让自己活得很累，甚至迷失自己。

事实上，在我们的生活中，不少人沦为了欲望的奴隶。他们认为美景在别处，所以他们不停地追赶，渴望一览美景；一些人则认为当下就是美景，所以他们会驻足观望，享受现在。那么，这两种人，哪种更快乐呢？很明显是后者，前者固然不断攀登顶峰，但他们疲于奔命，不断追求，失去了享受的过程，而后者才领悟了快乐的真谛——要想活得轻松，就要保持一颗平常心。

生命如此脆弱，我们看似都在"行千里路"地追逐梦想，却很少细心欣赏沿途的风景。当我们回过神来时，生命已不堪重负，而我们想要追求的梦想从未实现。

哲人说过，生活中缺少的不是美，而是发现美的眼睛。其实,同样,生活中不缺少幸福,而是人们不懂得放下。只有放下无止境的欲望,保持平常心,才能学会享受阳光雨露,培养自己对幸福的敏感。

然而,一些人总是不安于现状,他们总有无止境的追求。于是,他们便在这所谓的追逐中失去了原本快乐的自我。

可能很多人都有过这样的经历:

很多年前,你还很年轻,你一贫如洗,你想要的东西都买不起,那时候你就暗暗下决心,一定要努力赚钱、出人头地,成为世界上最幸福的人。就这样,在不知不觉中,你的人生目标就有了形状。

第一,有一套属于自己的房子和一辆代步车。

第二,开一家公司,手底下大概有十几个甚至几十个员工。

第三,娶一个贤惠美丽的妻子,再为自己生一个可爱的孩子。

第四,有一定的存款,最起码能保证全家十年衣食无忧地生活。

可能这四种幸福的向往,在后期的工作和生活中能一一实现。可你真的感到幸福了吗?你是不是觉得自己每天还在迷茫地生活着?是不是觉得还有很多没有实现的目标?那些短暂的喜悦过后,你是不是依然觉得自己所有的努力和奋斗并不能真的让你感受到快乐?

对此,你思考过没有?如果你没有那么多的追求,懂得享受当下的幸福,那么,现在的你又会有怎样的心情呢?

保持一颗平常心,是人生的一种智慧。有一颗平常心,才能正视现实,面对世间的花花绿绿和流光溢彩不生非分之心,不做越轨之事,不做虚幻之梦。面对外界的种种变化与诱惑,心不痒,嘴不馋,手不伸,脚不动,荣辱不惊,去留淡然。

# 会工作，更要会休息

我们往往崇尚努力与拼搏，在这种文化的影响下，很多人在工作中越来越拼。他们经常在办公室挑灯夜战，或者从来不出门旅游，这样拼命工作的人其实已经忽略了生活的美好。更何况，工作得多并不意味着一定能受到表彰或加薪，过度工作反而可能会降低自己的工作效率、消磨自己的创造力，甚至对你与家人和朋友的关系产生负面影响。

的确，用持之以恒的精神拼搏、奋斗，是我们必须具备的一种品质，是值得提倡的，也是我们要实现人生梦想和目标的前提。洛克定律指出，一个目标唯有建立在适宜、适度的基础上，才是有意义的，因此，奋斗并不意味着要一刻不停地奔波与忙碌。适可而止，会休息才能成长。只会向前猛冲，而不懂得减速缓行的人，在人生的某个弯道处一定会冲出跑道，损失惨重。

从前有个人看到别人骑马，他很羡慕，非常希望自己也能拥有一匹马。在他看来，骑马是世界上最潇洒的事，简直威风极了，而用脚走路真是太麻烦、太没面子了。

有人告诉他，想得到马很容易，但前提是要用自己的双脚来换。那人听了之后，心想这简直太划算了，他毫不犹豫地献出了自己的双脚，于是他得到了一匹马。

他终于骑上马了，这让他很兴奋，正如他所想的那样，他骑着马在草原上奔驰，仿佛在天空中飞翔。这种感觉让他沉醉，他庆幸自己的选择。

但是人不可能永远生活在马背上，他骑了一阵子以后，就觉得有点累，渐渐变得兴趣索然了。于是他想下马，可是没有了脚，他连站都站不稳，一切都需要人帮助，到这个时候，他才发现自己所面临的是一种什么样的困境。

这种交易很明显是愚蠢的。但在我们生活的周围，却不乏这样的人，他们为了追求所谓的幸福，牺牲了更有价值的东西，如健康、亲情等。

因此，身处职场的我们在工作之余，一定要懂得休息，只有劳逸结合，才有更高的工作效率。事实上，不少人为工作而牺牲了健康和幸福，可谓得不偿失。

钟凯是个典型的职场精英,他从欧洲留学回来以后,空降到某跨国公司的中国分公司担任负责人。为了证明自己,他从第一天起就开启了疯狂工作的模式。

他每天废寝忘食,带着全体员工日夜奋战。为此,员工们纷纷抱怨:"咱们就像是机器人一样,连片刻休息也没有。"对此,钟凯总是给大家加油鼓劲:"为了未来过上好日子,咱们必须拼搏,少休息一会儿不算什么!"看到老板这么说,大家也只能接受。

钟凯不仅盯着大家苦干,自己也废寝忘食。他已经三天没有回家了,一天之中,他除了吃饭睡觉用去几个小时,其他的时间都在全心全意地工作。一个加班的夜晚,钟凯突然觉得头昏昏沉沉的,左边的胳膊也有些微微发麻。他赶紧让同事们送他去医院,还通知了他的妻子。果不其然,钟凯因为过度劳累,有些轻度脑梗,需要马上治疗。看到妻子关切的眼神和委屈的泪水,钟凯才意识到自己做错了。他对送他来的同事说:"接下来几天给大家放假,让大家都回去休息吧。留两个值班人员就行,轮休。"妻子流着眼泪数落他:"你拼命工作是为了什么呀!你口口声声说为了我和女儿更好地生活,但是如果你突然离开了我们,我们就算有再多的钱又有什么用呢!"钟凯惭愧地说:"急于求成让我忘记了工作的初衷,我对不起同事们,也对不起你和女儿。我以后不会再这样了。"

对那些经常熬夜加班、长期睡眠不足的人而言，患心脑血管疾病的概率非常大，远远超乎我们的想象。最让人痛心的是，这些猝死的人大部分都正值壮年，就这么突然离开人世，抛下挚爱的爱人、亲人和年幼的孩子，让人感慨唏嘘。实际上，很多疾病都是有征兆的，也与生活习惯和工作习惯有着紧密的联系。我们唯有从现在开始，努力维持健康的生活方式，调整好工作和生活之间的关系，才能在未来的日子里更好地享受生活，获得更长远的幸福。

当你为了实现自身的价值而努力工作时，当你为了改善家人的生活而努力工作时，你都应该时刻记得，工作是为了更好地生活，而不是为了毁了生活。

不管是在学习、工作还是生活中，都应该学会劳逸结合。不会玩的人就不会学习，工作起来不休息的工作狂也坚持不到最后，只有懂得如何休息、如何安排自己作息时间的人，才是最高效、最成功的人。我们要学会在生活中寻找平衡点，找到这个平衡点，即便我们面临着众多的生存压力，也可以游刃有余地轻松生活。想要生活得如鱼得水，我们可以先找寻生活的平衡点，面对生活的重担，不要给自己太多压力,也不要急功近利。要知道罗马城不是一天就建成的,什么事情都需要一步一步去做。只有学会调节自己的心理,才能享受到生活的乐趣。

# 过度追求身外物，只会迷失自己

对于物质生活，人们都有自己的目标，如下个月要买件什么衣服、今年要赚多少钱、五年内要住上什么样的房子等。有追求无可厚非，但我们要认识到对于物质的追求也要适可而止，否则，我们很容易让自己变成追名逐利的机器，进而迷失自己。

现代社会，一切都在高速运转着，到处充满着诱惑。在这样的环境下，一些人逐渐迷失了自己，或者是失去了正确的价值观，甚至有时候为了满足物质的欲望，使自己的生活疲于奔命，或者心生为非作歹的念头，从而造成了现在社会当中的不安气氛。只有那些内心淡定的人，才能看清自己的内心而不至于迷失自己，他们无论是处于逆境还是顺境，也不管这个世界是浮华还是痛苦，总是能保持平静的心态。

两千多年前，在古希腊有个著名的哲学家叫迪奥尼斯。

有一天白天，他提着个大灯笼，然后朝着人头攒动的街道上走去。

行人感到诧异,就问他在寻找什么,他回答:我正在找人,人都迷失到哪里去了呢?

原来,当时的雅典经济繁荣,不少人在荣华富贵、权势财富的诱惑下,彻头彻尾地迷失了自己,甚至出卖了自己,丧失了人的本质。所以哲学家奔走呼吁:人们哟,千万不要迷失自己。

古人尚且深知要把握自己,不要迷失自己,然而,在逐步现代化的今天,我们身边,却总是不断上演着"迷失自我、落入陷阱"的悲剧。多少为官者在声色犬马中逐渐失去自己当初做人的原则,甚至不惜牺牲人民的利益,最终被绳之以法;又有多少年轻人经不起外界的诱惑,放纵自己,甚至以身试法,最终自食其果。的确,金钱、美色、权力、地位、名声充斥着喧嚷嘈杂的世界,给了人们太多的诱惑,于是人们更多地注重对身外之物的关注和追求,迷失在物欲横流中。这个事实引人深思,发人深省。

任何人要做到不迷失自己,都要始终记住以下几点。

1.先认识自己,才能追求自己想要的生活

不迷失自我并不意味着我们要放弃对物质生活的追求,相反,我们应该努力劳动、努力工作,去追求自己想要的生活,因为劳动与工作是一个人存在的价值。不过,一些人正是在这个过程中逐渐迷失了自己,为此,你需要始终记住,你是自己人生的主人,你要对自己有个清醒明确的认识,才能知道自己要什么、做什么。

2.树立正气,以正确的原则指引自己的行为

人们常说,心底无私天地宽,无论是社会还是个人,都需要正气,它指引我们正确做人、正确做事。另外,坚持自己的原则,也能让你的行为有据可依,不至于掉入欲望的陷阱。

3.时常自我反省,防止行为的偏差

人虽然是不断前进的,但前进的过程中,难免会出现一些阻碍、陷阱。一个人想不迷失自己,就应时时反省自己,排除前进道路上的种种诱惑和阻碍,从而使人生之路越走越宽。

日本近代有两位一流的剑客,一位是宫本武藏,一位是柳生又寿郎,宫本是柳生的师父。

当年柳生拜宫本学艺时,曾就如何成为一流剑客请教老师:"以徒儿的资质,练多久能成为一流剑客呢?"

宫本答:"至少10年。"柳生一听,觉得10年太久,就说:"如果我加倍努力,多久可以成为一流剑客呢?"宫本笑

了笑，答道："至少30年。"柳生又说："如果我再付出多一倍的努力，多久可以成为一流的剑客呢？"宫本叹了口气答道："如果这样的话，你只有死路一条，哪里还能成为一流的剑客？"柳生越听越糊涂。这时宫本说："要想成为一流剑客，就必须留一只眼睛给自己。一个剑客如果只注视剑道，不知道反观自我，不能反省自我，那他就永远成为不了一流剑客。"宫本不愧为一流剑客，言之凿凿，字字珠玑，让柳生茅塞顿开！

"负担过重必然导致肤浅。"这是爱因斯坦的至理名言。如果我们的双眼被忙忙碌碌毫无闲暇的工作与生活蒙蔽，如果我们的大脑塞满了生活中的繁杂琐碎，那么我们将和柳生一样，难以睁开自己独立思考的眼睛，也难以在自己心中清理出一块静心反思的净地。

4.常常独处，享受宁静

现代白领们在业余时间，好像都喜欢去灯红酒绿的地方，然而，扪心自问，这真的能让你放松吗？让自己的心归于平静的方法就是独处，只一杯清茶、一本书，茶香气和书香气静静融合，心也能随之平静。

坚守一份执着，在迷茫的水面稳驾一叶轻舟；不再迷失自我，在喧嚣的尘世保持一份静默。迢迢暗夜，望一柄北斗为我们引路；茫茫雾海，燃一盏心灯为我们导航。可以一无所有，不能失去的是可贵的自信与执着。

总之，在现代社会，我们不要迷失自己，而是要告诉自己，不管遇到什么事情都要冷静，不管遇到多大的风浪都要坚定自己的立场。

# 第八章

洛克定律与毅力培养：越努力越幸运，坚持没有那么难

也许我们需要在黑暗中摸索很长时间，才能找寻到光明。但只要你能牢记洛克定律的启示：心中有目标、知道自己该干什么，就不会觉得苦，就不会枯燥无味，甚至能激发自己继续奋斗，进而朝着梦想进发。

第八章 洛克定律与毅力培养：越努力越幸运，坚持没有那么难

# 目标的实现需要执着付出

根据洛克定律，我们知道，要成功，首先就需要制订一个合理的目标，这是前提，但同时更需要我们执着地坚持。很多时候，成功都在转角处，人们往往经历了几次失败便颓然放弃，也因此与成功失之交臂。

倘若爱迪生发明电灯时没有坚持到最后一刻，在成功之前就放弃了，那么他七千多次的实验就会前功尽弃，整个世界也会更晚迎来光明。幸好他没有放弃，而是执着于自己的梦想，始终毫不气馁地面对失败，把失败作为成功的铺垫，不断地实验、改进，最终获得成功。假如屠呦呦在研究治疗疟疾特效药的过程中遇到困难就退缩不前，那么她也无法成功提炼出青蒿素，更不可能因此获得诺贝尔奖。她在前进的道路上从未退缩，哪怕她和团队成员因为科学实验而身患疾病，她也依然没有放弃。正是这样的执着，才让她最终成功攻克了世界性难题，为全世界身患疟疾的人带来了福音和希望。由此不难看出，一切成功都来源于执着，对梦想的执着，对理想的执着，

对成功的执着。

人生不如意十之八九，每个人的人生之路都不可能是一帆风顺的。唯有坚持前行，跨越层层阻碍和艰难，我们才能翻越人生的高山，登上人生的巅峰。

当然，执着要想获得好的结果，首先应该确立正确的人生方向，这也是我们根据洛克定律反复强调的。相信很多人都听过南辕北辙的故事，倘若方向错误了，即使再怎么努力，也只会导致事与愿违。因此，我们首先要保证正确的人生方向，接下来才能在梦想的道路上不断前行，直到成功。

诗人惠特曼从小对文学和诗歌有极大的兴趣，尤其是对诗歌有执着的热爱。在长大之后，便开始执笔创作诗歌，然而，他的第一本诗集印刷出来后却无人问津，他不得不将这些诗集作为礼物赠送给他人。

那时，在美国文坛，文学前辈们对他的诗根本不屑一顾，甚至还有一些大诗人会将他的诗集直接丢进壁炉里。在他们看来，一个木匠的儿子，写出来的东西怎么可能登上大雅之堂？

惠特曼承受着来自周围人的否定、挖苦，这让他沮丧极了。正当他感到绝望的时候，声名显赫的美国作家爱默生给他写了一封回信，信中不但对他的作品赞不绝口，还毫不吝啬地鼓励惠特曼："我认为你的作品代表了美国有史以来最杰出的聪明才智的精华。"这句赞赏的话让心已濒死的惠特曼感受到希望，也重振了信心。

从此之后，他对诗歌创作投入了更大的热情，最终成为举世闻名的大诗人，他的诗作至今仍被不断传承，成为全世界文学爱好者的精神食粮。他的那部诗集就是《草叶集》。

如果没有爱默生的鼓励，如果没有惠特曼的执着，也许世界文坛就会少了一位伟大的诗人，《草叶集》也就不会作为人类精神文明的食粮传承下来。

我们每个人生活在这个世界上，都难免遭受坎坷和挫折，也时常会遭受他人的否定和非议。在这种情况下，唯有自信和坚强的心，才能让我们始终保持积极向上的能量和动力，并且执着于人生的梦想和理想，让心中充满希望和光明。

毋庸置疑，一个不够执着的人往往很难获得成功，他们总是因为各种各样的困难退缩，或者半途而废。只有执着于梦想，能够排除万难不断向前，我们的人生才是更加坚定的。执着就像一把刀，最终会把人生雕刻成我们希望的样子，帮助我们顺利到达成功的彼岸。

洛克定律

# 每天进步一些，是事业成功的基石

关于未来，可能我们每个人，尤其是那些初出茅庐的年轻人，都有很多幻想。他们豪气万丈、为自己编织着美好的未来，或希望自己成为某个行业的精英，或希望拥有自己的产业等。洛克定律告诉我们，树立理想是好事，合理的目标可以匡正你的言行，让你的努力有一个明晰的主线。但无论如何，你千万要记住，只有脚踏实地才是实现梦想的唯一途径，理想虽然很遥远，但只要你坚持每天多做、多学习一点，每天进步一些，终会聚沙成塔。

任何人要想获得事业上的成功，都必须经历一个漫长的过程，且要付出长久的努力，并以顽强的毅力做到坚持不懈。一些人把工作做得风生水起，出类拔萃，归根结底，他们与普通人之间有何区别呢？为什么他们能够获得成功，但是大多数人却都不得不承受失败呢！究其原因，他们只是比别人多了一些努力而已。最重要的在于，他们能够在人生漫长的旅途中始终坚持比别人更加努力，这样他们才能做到不断进步。

因此，如果你觉得自己没有能耐，只会认真地做事，那么，你应该为你的这种愚拙感到自豪。那些看起来平凡的、不起眼的工作，却能坚韧不拔、坚持不懈地去做，这种持续的力量才是事业成功的最重要基石，才体现了人生的价值，才是真正的能力。

当然，在坚持的过程中，你可能也会遇到一些压力和困难。但我们要明白的是，任何危机下都存在着转机，只要我们耐心等待，再坚持一下，也许转机就在下一秒。

现今社会，好高骛远、不脚踏实地是很多年轻人的通病，不少年轻人是思想上的巨人，行动上的矮子，信誓旦旦决定做一件事，但到实施的时候，却做不到一步一个脚印，经常三分钟热度，做不到持之以恒。要知道，任何事情的成功都不是一蹴而就的，需要我们不断付出。小事成就大事，在每件小事上认真的人，最终一定成绩卓越。

其实，生活中，那些成功者往往是那些做"傻"事的笨人，输得最惨的却是那些聪明人，那些笨人深知自己不够聪明，所以他们努力学习、埋头苦干，最终如愿以偿。而聪明人做事时则不肯下力气，总想着耍小聪明，投机取巧，所以往往输得很惨。智慧和实干比起来，实干更加不可或缺。

现在的你可能正在从事一项简单、烦琐的工作，承受着前所未有的压力,感到自己的前途渺茫,但请记住,这才是人生的精彩之处。如果一个人一生太幸运、太安逸了,就远离了压力的考验,反而会变得毫无追求,生活苍白暗淡。而当你无法摆脱压力时,就应该反复对自己说:"感谢生命中的压力,这是生活对我的挑战和考验。""这是上天在催促我努力学习、积极工作、奋发向上。"换个角度去看问题,改变态度,困难和压力也会很快减轻。只要你能看到坚持的力量,最终就能战胜风雨的洗礼,看到雨后绚丽多彩的霓虹。

## 坚持自己的目标，耐心做自己的事

我们都听过龟兔赛跑的故事，在生活中，也经常会出现"龟兔赛跑"的例子，一些人是爱睡觉、做事没耐性的兔子，他们总是情绪不稳，一会儿想要夺冠，一会儿想要偷懒，只有三分钟热度。而有的人则是慢腾腾的"乌龟"，虽然跑得比较慢，但他们情绪和心态都比较稳定，抓住了一个目标就认真地去完成，这样反而适应了社会的规律，最终夺冠。

坚持自己的目标、耐心做自己的事，这符合洛克定律对于我们的要求。做任何项工作，都需要耐心，虎头蛇尾的人通常难以做成事。事实上，任何成功者都深知做事善始善终的重要性，因为不耐烦、虎头蛇尾只会耽误更多的时间，这样无论做什么都只会一事无成。

聂弗梅瓦基是著名的生物学家，有人曾问他，为什么将一生的时间和精力都花在研究蠕虫的构造上，聂弗梅瓦基回答说："你可知道，蠕虫这么长，而人生却这么短。"的确，人的生命有限，而科学研究则是无止境的，要想在任何事业上获得成功，都必须要做到有耐心且持之以恒，甚至付出毕生心血，对成功而言，恒心就是力量。

在人类历史的长河中，多少卓有成就的人都是这样成功的。司马光费时19年才完成了《资治通鉴》的编写，完成著作时他年事已高，不久便离开人世了。明代李时珍为了撰写《本草纲目》，花费了整整27年的时间，几乎跑遍了名山大川，收集了无数资料；谈迁花了20多年的时间才完成了《国榷》，不料完成之后书稿被小偷盗走了，无奈之下，他只能重新撰写，耗时8年才再次完成……这些例子都足以说明，无论做什么事情，只有持之以恒、呕心沥血，才能达到成功的巅峰，若只有三分钟热度，那最终你只能一事无成。

我们在工作中也要有耐心，这样才能开辟自己的发展道路。现代社会，不少人，尤其是年轻人，刚开始工作时满腔热血，但时间久了就慢慢地懈怠了，最终一事无成。其实，工作不是仅依靠热情就能做好的，它更需要在保温中加温，不断坚持，而不是三分钟热度。只有做到了这些，你才能真正在职场中胜出。

从前，有一位和尚名叫一了，他很聪明，但就是做事缺乏耐性，做一件事情只要遇到一点困难就容易气馁，不肯继续坚持下去。

他的师父在了解到一了的缺点后,给他布置了一个任务。一天晚上,师父给了他一把小刀和一块木板,要他在木板上刻一条刀痕,当一了刻好一刀以后,师父就把木板和小刀锁在他的抽屉里。以后,每天晚上,师父都要小和尚在刻过的痕迹上再刻一次,就这样连续刻了好几天。

终于到了一天晚上,一了和尚刻上一刀后,木板被劈成了两块,他拿着两块木板来找师父,师父说:"你可能没想到,用那么点力气就能将一整块木板刻成两块吧。一个人一生的成败,并不在于他一下子用多大的力气,而在于他是否能持之以恒。"一了听完师父的话后若有所思。

古人云:"事当难处之时,只让退一步,便容易处矣;功到将成之候,若放松一着,便不能成矣。"在生活中,有很多事情,并不是仅靠三分钟热度就可以做好的,也不是一朝一夕就能做到的,而是需要持之以恒的精神。我们必须要付出时间和代价,甚至是一生的努力。当然,在这个过程中,我们需要忍耐,在坚持中等待机会和成功的来临。

著名数学家高斯从小就勤奋好学,很早就显示出过人的数学才能。有一次，父亲正在计算账目，小高斯安静地站在旁边看，当他父亲自以为算得很对的时候，小高斯却认真地说："爸爸，您算错了，应该是……"父亲检验了一遍，发现高斯的答案是正确的。

高斯7岁那年，父亲送他到附近的学校读书，在学校里，高斯是班里年龄最小的学生，但因其数学成绩最好，经常受到老师的表扬。高斯十分刻苦，他明白，要想学好数学，自己必须付出更多的努力和汗水。白天在学校里，除了上课时专心听讲，他还尽可能地利用课余时间钻研数学，阅读了许多数学的著作。晚上，他将一个大萝卜挖空，塞进一块油脂，插上一根灯芯，自制了一盏小油灯。他一个人躲在顶楼上，在微弱的灯光下，专心致志地看书学习，直到深夜才睡。在上学期间，高斯还写了许多"数学日记"，记录了他在解题时的新发现和巧妙的解法。高斯18岁那年，他成功地解决了自希腊数学家欧几里德以来两千多年一直悬而未决的数学难题，轰动了整个数学界。

有人曾问高斯："你为什么在数学上能有那么多的发现？"高斯回答说："假如别人和我一样专心和持久地思考数学真理，他也会有同样的发现。"

高斯成功的秘诀就是"专心致志，持之以恒"，他研究数学，总是坚持到底，他最反对的就是做事半途而废。当他在对一些重要的定理进行证明的时候，总是要使用多种解决、证明的方法，并从中发现最简单和最有力的证明。当然，正是因为高斯如此持之以恒地钻研数学，他最终为科学事业的发展做出了卓越的贡献。

生活中，一些人尽管有自己的想法，但总是目标不坚定、耐心不足。尽管他们接触了不同的工作，涉足了不同的行业，但最终他们不会做成任何一件事情，他们只是在寻求猎奇的过程中获得了满足。相反，那些只做了一件事情，并坚持到底的人，在某个行业或某个领域达到了一定的高度，他们才是真正的匠人。

## 执着于理想，也要认清现实

生活中的人们，你是否问过自己这样一个问题：你想为理想而奋斗，但当下的你却连饭都吃不上，此时你是选择谋生还是继续为理想奋斗？一些人肯定说，我会坚持理想，也有一些人可能说，还是先谋生吧。第一种人认为坚持就是胜利，但盲目坚持就成了固执，第二种则善于变通，能理解理想要基于现实才有实现的可能。很明显，第一种人在人生目标的设定上缺乏变通思维，任何人都要认清当下的现实，否则，理想只能是空中楼阁，不会有实现的可能。

诚然，理想的实现需要很长时间的孕育，这正如一朵花儿，要想绚烂地绽放，必然经过漫长的等待和长久的力量积蓄。和那些生而没有理想，总是随波逐流的人相比，有理想的人无疑是幸福的，因为他们知道人生的方向在哪里。然而，有理想的人如果执念过强，也是痛苦的。这些人普遍没有为人生做好定位，事实上，目标只有将理想与现实结合起来，才更容易实现，正因如此，很多人一门心思地朝着理想奔去，不管外界的环境如何改变，他们都不知道顺势而为，最终使自己痛苦不堪。

实际上，变通在任何时候都是需要的。学生在学习的过程中要不断摸索，根据自己的特长和学习情况，及时调整目标，找到最合适自己的方式。职场人士在为目标奋斗时，同样应该根据瞬息万变的形势做出改变；如果你原本准备去滑冰，但是天却下起大雨，那么你不如留在家里捧一本小说静静地读……生活无时无刻不在改变，我们都应该随时改变。

在人生中，有很多人都执着于理想，一旦认准目标，就永不放弃。当然，这样的坚持是非常值得我们钦佩和学习的，然而适时变通却是更重要的。

诚然，执着是一种良好的品质，是认准了一个目标不再犹豫，坚持去执行，无论在前进中遇到任何障碍，都决不后退，直至目标实现。我们在追求梦想的过程中，的确需要这样的意志力，虽然执着历来都被人公认为一种美德，但是过分执着就变成了固执，这是一种南辕北辙的行为。固执的人之所以固执，是因为他们对自己要做的事心存执念，他们认准了目标后便不再回头，撞了南墙也不改变初衷，直至精疲力竭。

每个人的理想都很远大，每个人的理想都无比丰满，然而，现实并不能让我们如愿。当生存成为一种切实的压力，不如先解决最实际也是最基本的问题,这样你才能更好地生存下来。所谓留得青山在,不怕没柴烧,说的就是这个道理。

人生的机遇遍布各处,我们唯有更好地抓住以各种形式出现在我们眼前的好机会,才能更好地发展。例如,医学院的学生毕业之后,以为自己注定一生都是个好医生,却有可能在机缘巧合下改行之后,成为成功的商人。师范院校毕业生曾经以为自己会为三尺讲台奉献终生,却因为意外的改变而去到大城市,打拼出属于自己的天地,最终在销售行业崭露头角。总而言之,生活每时每刻都在改变,我们也必须随时顺势改变,这样才能跟得上时代的脚步,帮助自己更合节拍地发展。

在充满变动的现实之中,你是先生存再发展,还是一味地盯着空中楼阁、海市蜃楼的理想,仓促地度过宝贵的青春时光?相信聪明的你,一定能够做出正确的选择。

世界上的万事万物,都随时处于千变万化之中。既然我们生存着,就必须顺应形势的变化,及时变通,千万不要一条路走到黑,最终逼得自己无处可逃。很多人都觉得自己的生活枯燥无味,寡淡无聊,只是因为他们忽视改变,导致他们的生活永远没有新意,也就渐渐地失去了蓬勃的生机。

## 真正的执着，是一辈子做好一件事

人生短暂，须臾即逝，我们每个人的时间和精力都有限，面对人生的众多目标，现实告诉我们，鱼与熊掌不可能兼得，如果始终不能做到理智放弃，就会导致无数的琐事分散了我们的时间和精力，那么我们也许终将一事无成。例如，有些人看到什么都想学，也都要学，却都浅尝辄止，最终导致自己什么都会一点，但是没有任何方面能够达到出色。如此一来，他只能算是个平庸的人才，丝毫没有过人之处。

任何人要想实现自己的目标，都必须与现实接轨。很明显，一个人目标过多，只会导致最终的失败。

实际上，那些成功者能在专业领域内取得成绩，并不只是因为他们运气好，而是因为他们能一心一意做好一件事。他们尽管平凡，却绝不平庸。在日常生活中，我们也要集中精力做好一件事，唯有如此，好运才会不期而至，光顾我们的人生。

任何一件简单的事情其实都不简单。一件事情即使看起来很简单，但是只要我们能够坚持不懈，始终去做，那么这样的简单就会在近乎固执的重复中变得伟大起来。一个人做一件好事并不难，难的是做一辈子好事。

不得不说，很多人身上有这样一个缺点：今天有这样一个目标，明天就换了一个目标，后天又有一个目标，目标游离不定，最后一事无成。

在一望无际的非洲草原上，一群羚羊正在自由自在地嬉戏玩耍，丝毫没有发现危险正在逼近。

突然，一只非洲豹扑过来。羊群受到惊吓，四散逃去，而非洲豹则死死盯住一只未成年的羚羊，穷追不舍。在追捕的过程中，非洲豹掠过了一只又一只站在旁边惊恐观望的羚羊，但它好像根本没看见这些羚羊，而是始终关注那只未成年羚羊。很快，那只未成年的羚羊被凶悍的非洲豹扑倒了，挣扎着倒在了血泊之中。

这只非洲豹为什么舍近求远，一直追捕离得更远的羚羊呢？其实，只要认真思考，就能知道非洲豹的高明之处。羚羊最善于奔跑，起跑速度非常快，如果豹子在追赶羚羊的途中改变目标，一会儿追这只，一会儿追那只，一定会让自己精疲力竭，最后哪只也追不上。倒不如认准目标，拼尽全力跟住那只被追累了的羚羊，这样捕获到猎物的机会就大多了。

所以说，你如果有了一个目标，就要坚定不移、全力以赴地去完成它。有了这样的精神，相信任何人都可以有所成就。

一个人，一辈子只要做好一件事，就没有白过。这样目标明确又坚定的人怎么能不成功呢？事实上，那些意志力坚定且做事认真专注的匠人们，在社会中一定能够占得重要的位置，并为他人所敬仰。他们坚定地朝着目标前进，就像疾驰的箭奔向箭靶的红心。在这样的坚定意志下，一切的阴影都消融逝去了。确切的目标、坚定的意志，是可以生出使人成功的力量来的。

同样，我们也要做一行爱一行，用心做好手头事。有一份韧劲，不论怎样费力、怎样费时，都不放弃，不停止努力，你终会有所得！

洛克定律

# 追求人生目标，需要你从容不迫地沉淀自己

生活中的任何人都有自己的梦想，也都希望梦想成真，希望实现自己的人生目标和人生价值。然而，无论你的目标是什么，梦想有多远大，你都要沉淀下来，不骄不躁地充实自己。追求目标的道路是艰辛的，考验的不仅是你的智慧和能力，更是你的坚韧和耐心，只要你坚定必胜的信念，这样即使再苦、再累，也会勇敢地与困难拼搏，就一定能有所成就。

事实证明，任何一个人能够取得成功，都是因为他付出了超乎常人的努力。一个人要想获得人生的幸福，那么每一天都应该勤奋工作。付出努力是一个长期的过程，只要坚持就一定能够获得不可思议的成就。

然而，现实生活中，浮躁的人太多了，他们总是对未来抱有太多的空想，要么对什么事都有兴趣，要么一遇到困难就转移目标。但是，任何目标的实现，都像洛克定律告诉我们的那样，不仅需要耐心地等待，还必须坚持不懈地奋斗，百折不挠

地拼搏。切实可行的目标一旦确立，就必须迅速付诸实践，并且不可发生丝毫动摇。为此，我们需要明白一个道理，在为梦想奋斗的路上，切忌心浮气躁，而要放下空想、专心眼前的工作。

荷兰艺术家阿雷·谢富尔曾说："在生活中，唯有精神的和肉体的劳动才能结出丰硕的果实。奋斗、奋斗、再奋斗，这就是生活，唯有如此，才能实现自身的价值。我可以自豪地说，还没有什么东西曾使我丧失信心和勇气。一般说来，一个人如果具有强健的体魄和高尚的目标，那么他一定能实现自己的心愿。"

的确，当今社会是一个快节奏的社会，凡事讲究效率。人们都希望在最短的时间内取得事业上的成功，然而，任何目标的完成都不是一蹴而就的，梦想的实现更需要我们付出努力，始终坚持。

通常来讲，越是有所追求、越是想干点事业的人，可能遇到的烦恼和痛苦就会越多，凡事乐观一点，看开一点，相信自己，终会心想事成。所以，对于你所追求的目标，不妨多给自己一段时间，慢慢来，你最终会收获颇丰！

生活中的你，也许也在编织属于自己的梦。梦想就像我们人生的航标，是黑暗中指引我们前进的明灯。但追求梦想的过程是艰辛的,有的人甚至花费了一生来完成一个梦。但无论如何,只要我们坚持梦想,不轻易放弃,那就是在积蓄成功的力量,你的梦想终究会实现。

# 参考文献

[1] 郜军.目标管理[M].北京：电子工业出版社,2019.

[2] 梅恩.目标的力量[M].杨献军,译.成都：四川文艺出版社,2021.

[3] 克里根.选择的力量[M].赖伟雄,译.北京：中国青年出版社,2014.

[4] 墨陌.越努力越成功[M].南京：南京出版社,2016.